JC総研ブックレット No. 8

我が国の水田農業を考える（下巻）

構造展望と大規模経営体の実証分析

鈴木 宣弘・姜 薈・大仲 克俊・竹島 久美子・星 勉・
曲木 若葉・安藤 光義◇著
星 勉◇監修

1　はじめに【解題】

(1) 課題の設定

我が国の水田農業について、政府（農水省）では大規模経営体が地域農業の大宗を占めることを目的に、様々な施策の推進が予定されています。

本書では、政府が行おうとしている施策に係わって、まず鈴木・姜蕾報告で戸別所得補償制度や最近の農政改革の動き等についての論点整理を行っています。その上で、経営規模別にみた生産構造変化についてシミュレーションを行い、現状抱える諸課題の行く末を検証しています。シミュレーションについては「2005年から2010年の5年間におけるコメの作付面積規模階層別の農家の移動割合のデータに基づいて、今後も、この割合で階層間の農家移動が続くと仮定した場合の、2015年から2050年にかけて5年ごとの地域別の農業経営体数を推計」しています。

次いで、特定の農業経営体が地域農業の大宗を占める先進地が、幾つかの地域でみられ、実際にそこではどのような経営実態となっているのか、その実態を把握することによって政府が行おうとしている施策体系に問題はないのか、あるとしたらどこに問題があるのかについて、大規模経営体とともに出し手である兼業農家へのアンケート調査等により検証を行っています。具体的には、愛知県豊田市高岡地区と長野県飯島町の2事例を取り上げています。両地域とも兼業地帯ですが、前者は平場で都市近郊農村、後者は中山間地域に立地しています。

（2）我が国水田農業の展望

鈴木・姜薈報告によりますと、シミュレーション（推計）の結果、2050年には15ha以上層が2010年と比較して2倍に増加するものの、全国の稲作農家数が27万戸と、2010年の1／5以下に減少。コメの生産量も2050年には現状の74％程度に落ち込むとしています。こうした結果は、「規模拡大は進むものの、離農や規模縮小農家の減産をカバーできるだけの農地集約が行われず、コメの総生産を維持することができなくなることを示しています。これは、国民に基礎食料を確保する安全保障の観点から、重大な問題」であると、鈴木・姜薈は指摘しています。

さらに、「岩盤」を補償するように仕向けられた戸別所得補償制度が、2014年から始まる新たな農業政策では廃止されることになっており、このまま推移すると「岩盤」政策が壊されることになります。このことから、鈴木・姜薈は肝心要の担い手育成さえも進まないのでは、という懸念をしています。なお、ここでいう「岩盤」とは担い手が再生産できる所得の下支え政策のことです。

以上から、鈴木・姜薈報告では地域の中心的な担い手への重点的な支援強化、つまり岩盤政策の充実が必要。更に「その一方、農業が存在することによって生み出される多面的機能の価値に対する農家全体への支払いは、社会政策として強化すべきでしょう。これは、担い手などを重点的に支援する産業政策と区別してメリハリを強める必要」があると結論付けています。

(3) 大規模経営体の先進地域の動向

後半の大規模経営体の経営実態に関する報告では、生産費を始め農地集積状況、栽培体系、販売・収益状況、農地の出し手側の意向把握などについての現地調査結果を踏まえ、考察を行っています。以下で何点か、現地調査結果より得られた主な成果について要約します。

①大規模経営体の発展に伴う栽培体系の確立

政府（農水省）が想定しているであろう１００ha以上層といった大規模経営体においては、春作業において慣行栽培つまり移植作業（育苗、耕起・代かき、田植え）では、労働力と農業用機械を最大限効率的に活用したとしても限界に突き当たっていました。この桎梏を克服するために栽培体系に変化を生じざるを得ず、平場農業地帯の現地では乾田直播が導入されており、大規模経営体の維持・発展のためには同栽培体系の確立が重要であることが確認できました。

②現場報告からの岩盤政策の必要性

平場農業地帯に立地する愛知県豊田市高岡地区の法人について、生産費を検証したところ、例えば営農類型統計（農水省）に記載されている水田作付50ha以上の経営体と比較した場合、今回調査を行った法人が作付面積10a当たりの労働時間は少なく、製造原価も低い結果となっていました。つまり、調査法人は政府（農水省）が想定しているような大規模経営体と言えるでしょう。

問題は、収益構造及び収益性にありました。文中の大仲報告によりますと「このような農業経営であったとしても若竹（農業法人）の水田作付面積10a当たりの農業粗収入では組合員の農業従事への収益配分を含めた製造原価を賄うまでには至らず、経営所得安定対策等の交付金による営業外収益が必要となっています」。何故、このような収支構造になっていたのかといいますと、売り上げ高では米が8割以上であるものの、作付面積では収益性で劣る麦・大豆の作付面積が、水稲作付面積を大きく上回ってました。こうした土地利用上の不合理性を営業外収益、つまり補助金によって帳尻を合わせている結果となっていました。

しかしながら、この転作に関わる補助金（営業外収益）によって収益上の帳尻を合わせることについては、大規模経営体の行く末、あるいは今後の我が国水田農業のあり方を考える上で幾つか根拠があります。

その理由の一つとして、我が国の人口減少、そして食事の洋食化が進んだお陰で毎年お米への需要は減少傾向となっています。こうした状況下、麦・大豆あるいは飼料用米の作付など、主食用米以外の作付も併せて考える必要があります。

二つは、一つ目とも関連しますが、本文で鈴木・姜薈が報告しているように「国内生産基盤をフルに活かして販路を拡大する『生産調整から販売調整へ』の戦略が必要」、という点から転作目の栽培体系の確立が必要です。

三つは、今回取り上げた調査法人を始め少なからず大規模経営体において、転作の作業受託から始め、地主の信頼を得て利用権設定へ結び付け、そして経営規模を拡大させてきた経緯があります。このように大規模経営体の育成を論ずる上では、転作を含む我が国水田農業の実態と深く結び付いていることに留意する必要があります。

以上、豊田市高岡地区の法人調査結果（大仲報告）からは、長期的低米価傾向に配慮した米政策の必要性に加え、水田農業維持のために「経営所得安定対策等の交付金による営業外収益が必要」と結論付けています。

③大規模経営体単独での育成論では不十分

鈴木・姜薈報告にもありましたが、我が国の土地利用型農業においてはほ場が分散しているため、一定規模以上になるとコスト削減が思うようにならないケースが出てきます。このような桎梏を克服するために、所有と利用を分離した集団的土地利用調整が考えられます。そして実際、今回調査した法人全て、転作に関する農地利用を巡っての集落合意を背景に、経営規模を拡大させてきた歴史的経緯がありました。

この他、平場地域に立地する豊田市高岡地区の法人では、畦畔の草刈りなど縁辺労働（安藤）について地域社会のバックアップがみられましたが、とりわけ未整備・条件不利のほ場が多い中山間地域では地域社会や集落機能との関係保持は必須です。

本ブックレットでは、中山間地域の調査法人として、長野県飯島町の「㈱田切農産」の事例を取り上げています。

我が国の水田農業において、地域農業の大宗を担う経営体の育成のためには、生産費を抑えるなどをして専従者の所得を、地域の他産業従事者並み若しくはそれ以上確保するとともに、周辺経営体との競合関係ではない相互補完関係の構築、さらには貸し手農家等地域からの協力が必要と考えられます。

それといいますのも、我が国の水田農業が水路の管理等において集団的対応が必要であることに加え、そもそも分散錯圃という所有農地のほ場分散の克服に向けた地域の合意形成が必要ということからきています。とりわけ中山間地域においては、前者の条件を満たすことはもとより、ほ場条件が不利であることから後者の要因は決定的に重要といえます(1)。尚、本ブックレットでは集落アンケートを実施していますが、そこでは㈱田切農産（大規模経営体）への支持が確認されました。

そして、後者の課題克服のために、地域農場制システムの採用が有力と考えられます。地域農場制システムとは、「土地をはじめ人的資源を含め地域に賦存する諸資源について、個別所有の枠を超え、地域一体的に利・活用しようという、所有と利用の分離を前提とする地域営農システム」(2)と定義できます。

この地域農場制システムに乗っかった形で法人がモデル的に育成されてきたのが、本ブックレットで取り上げた㈱田切農産です。具体的には、同法人への利用権設定とその集約にあたっては、地域営農の合意形成組織である「田切地区営農組合」(旧村単位）より優先的に行われていますし、農業機械についても地区営農組合が購入・保有して法人へ貸し付けられています。また、同法人にしましても、利用権設定された農地について、地権者が地域営農と関わらなくならないよう畦畔の草刈りや水管理を再委託(3)したり、集落内の農家にネギの栽培委託をして雇用機会の創出をするなど、所有と利用を一端分離したうえで、法人が地域の農地（地域資源）の利活用について改めて再編する機能を担っています。本ブックレットの最後の節を担当した安藤は、以上の経営形態を指して「その経営は「農村経営」と呼ぶのがふさわしい」と要約しています。

今後の我が国における水田農業について、大規模経営体が地域農業の大宗を担うべきだとしても、地域農場システムの構築、周辺経営体との適切な役割分担、さらに地域の存続を目指した農村経営としての大規模経営（安藤報告）など、大規模経営体単独の育成論では不十分であることが確認できました。

本ブックレットは、一般社団法人ＪＣ総研が平成25年度に行った「日本型所得政策のあり方に関する調査研究」の成果をまとめたものです。

同調査研究の成果として、以上で述べた成果概要の他に、本書の姉妹編である「我が国の水田農業を考える（上巻）―ＥＵの直接支払い制度と日本への示唆―」（既刊）も、併せてご購読頂ければ幸甚です。

注

（1）水田農業の作業における集団的対応や権利調整に関わる地域合意形成が、中山間地域においてとりわけ必要であることは、立地条件別に担い手育成方策は異なるべきであることを含意していよう。しかし、筆者は同時に集団的対応や地域合意形成が平場農村においても有用であると考える。そのため、モデル的例としてあえて中山間地域に立地している㈱田切農産を取り上げ、生産費等の分析を行っている（大仲報告を参照）。

（2）地元飯島町では、以上の定義に基づく地域農場制システムのことを「組織農業」あるいは「地域複合農業」と呼んでいる。本文３－（２）を参照。

（3）同仕組みも地元飯島町では、農地の貸借関係に関わって「共益制度」と呼んでいる。

2　稲作経営の「岩盤」問題と今後の構造展望

(1) はじめに

前の自公政権で、農村現場の切実な声を受けて、石破茂農相（当時）が担い手の「岩盤」（所得の下支え）の必要性を提起し、その後の政権交代を挟んで、民主党政権の戸別所得補償制度でそれが実現しました。そして、こうした経緯があるのに、自公政権に戻ると、２０１４年から始まる新たな農業政策では「岩盤」は壊されることになりました。所得のセーフティネットの存続を見越して農地を集積し雇用を増やし規模拡大してきていた専業的な水田経営ほど米価下落の影響を受けやすいこともあり、大規模経営を中心に生産現場で不安が広がっています。

前の自公政権で産業政策と地域政策とを「車の両輪」とし、水田フル活用も進める方向性が示されたのはよかったと思います。ただ、米価下落に対するセーフティネットが不十分なことや規模要件を設けたことなどに対し、現場から改善を求める声が挙がりました。過去5年のうち、中庸3年の平均からの減収額の9割を補填する収入減少影響緩和対策（ナラシ）だけでは、米価が続けて下がった場合に所得の下支えにならないとの声でした。

戸別所得補償は、そのネーミングはともかくとして、政権交代も挟んで、現場の切実な声が結実した政策の改善でした。現場の懸念を払拭《ふっしょく》するため、10ａ当たり1万5000円を支払う米の直接支払交付金に加え、米価下落に対応する米価変動補填《ほてん》交付金を導入しました。補填額の算出に使う過去実績の年次を固定したことで完全な「岩盤」になりました。

実は、石破農相が退任直前に発表した農政改革案と戸別所得補償とはほぼ同じだったのです。つまり、政権をまたいで、現場の声が「ナラシ」を戸別所得補償に「進化」させたのです。ですから、現場は戸別所得補償の法制化と長期継続を求めていました。「貸し剥がし」も起こって構造改革を阻むとの批判もありましたが、むしろ、経営の見通しが立つので担い手が投資しやすく、規模が大きくコストの低い経営ほど交付金のメリットが大きいため、規模拡大が進んだとの評価が優勢です（全国の大規模稲作経営組織が今回の改革に強く反発していることが、岩盤政策への肯定的評価を物語っています）。飼料用米など水稲での転作も本格的に支援しました。新規需要米を含め、地域に合った水田活用を選んでもらい、生産調整から「卒業」する意図がありました。このように、戸別所得補償は、規模拡大や水田活用を促し、生産基盤の維持・拡大に一定の貢献をしたと評価できると思います。

つまり、自公政権も民主党政権も農地集積や水田フル活用、生産調整の見直しを目指すのは一致しており、岩盤が入ったのも、両政権が現場の声を受け、政策を改善した結果です。こうした一連の議論の流れがあるのに、現場を無視して「民主党が導入したものは元に戻す」との視点のみで「元の木阿弥」に戻されたら、現場はもちません。

（2）農政改革の経緯

何のために、近年、「岩盤」の議論をしてきたのでしょうか。農政改革には、現場の視点に立脚した確固たる方向性が必要です。そういう意味で、現場の声を受けた最近の農政改革の流れを振り返ってみる必要があります。

まず、２００７年に、「戦後農政の大転換」として、①一定規模（北海道10ha、都府県4ha）以上の経営体への収入変動を緩和する所得安定政策（産業政策）と、②規模を問わない農家全体に対する農が生み出す多様な価値を評価した直接支払い（社会政策）とを、「車の両輪」として位置づけるという政策体系が打ち出されましたが、その後、現場では、改善を求める声が出てきました。

それは、①規模は小さいけれども多様な経営戦略で努力している経営者をどうするのか、②農村への直接支払いは役立っているものの、「車の両輪」といえるだけの大きさにはほど遠い、③さらには、過去3年（5年のうちの最高と最低を除く）の平均による計算では、経営所得の補填基準が趨勢的な米価下落とともにどんどん下がってしまい、所得下落に歯止めがかからず経営展望が開けない、④麦・大豆等への過去実績に基づく支払いでは現場の増産・品質向上意欲が減退する、というものでした。

これに応えるべく、前回の自公政権においても、①「担い手」の定義を広げる、②その「担い手」に所得の最低限の「岩盤」が見えるようにする（例えば、「5中3」の3年のうちに1万4000円／60kgを下回る年があったら、その年の値は1万4000円に置き換えて1万4000円を実質的「岩盤」にする）、③「車の両輪」と

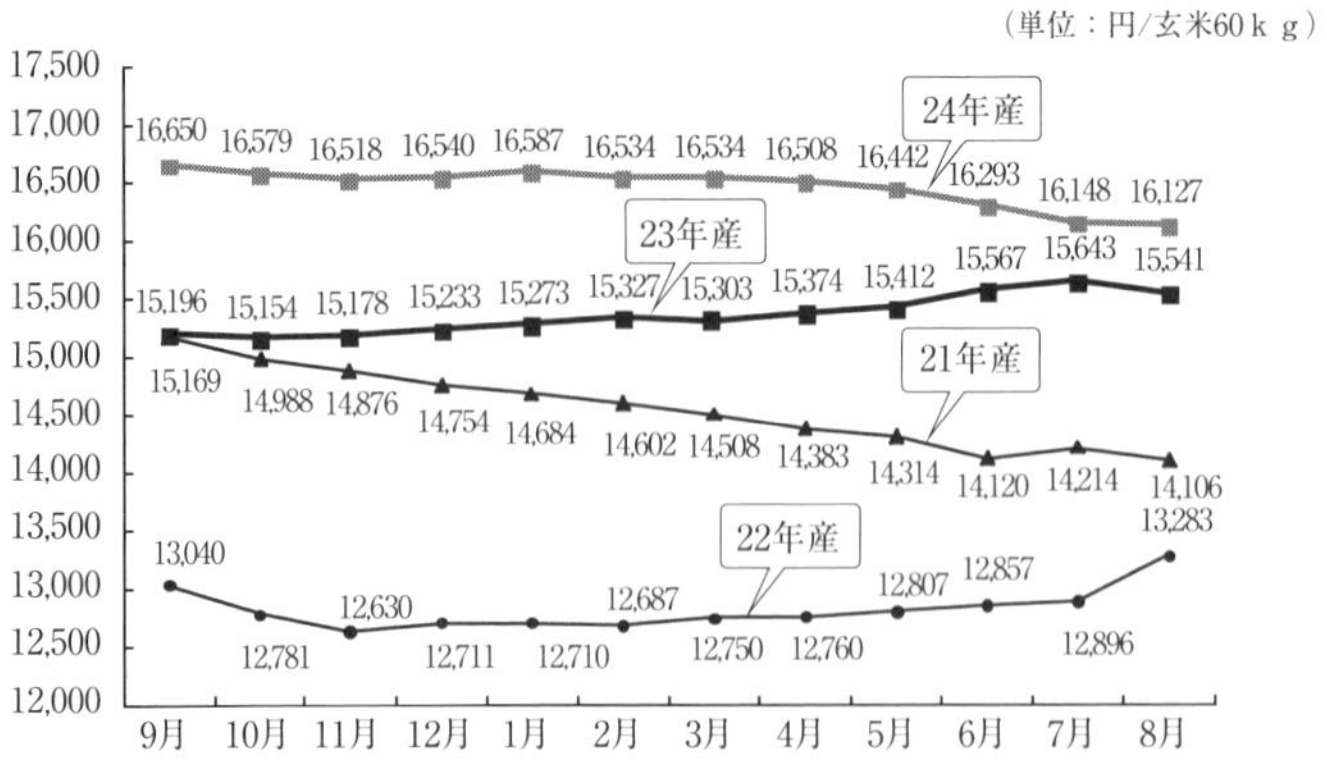

図１　米の相対取引価格 全銘柄平均価格の推移（出荷業者）（速報値）

注：１）価格には運賃、包装代、消費税額が含まれている。
　　２）全銘柄平均価格は産地銘柄ごとの前年産検査数量ウエイトで加重平均した価格である。
資料：農林水産省「米の相対取引価格（出荷業者）（速報)。JA 福岡中央会非常勤理事研修会資料から抜粋。

なる農の価値への支援は10倍くらいに充実する、その上で、④コメの生産調整の閉塞感を打破するための弾力化を図り、現場の創意工夫を高める、ことが議論されましたが、この議論は完結する前に政権が交代しました。

いわゆる「岩盤」の提供は、農家のモラル・ハザード（意図的な安売り）を起こすとして問題視されてきましたが、必ずしもそうではないと思われました。標準的な経営において、例えば、価格に置き換えて、目標水準１万４０００円／60kgと現実の当該年の収入１万２０００円／60kgとの乖離幅２０００円の９割の１８００円を一俵当たりに補填することにすれば、努力の結果、当該年の収入が１万６０００円の経営でも１８００円はもらえますし、わざと８０００円で売ったとしたら、１８００円をもらっても経営は苦しくなりますから、経営努力を促す要素が組み込まれます。実際、「戸別所得補償制度」の導入直後に生じた米価低迷は、制度を見込んだ「買いたたき」と懸念されましたが、その後の米価の推移は、そのような事態が解消されたことを示しています（**図1**）。

そして、民主党政権によって、「担い手の定義を広げる」を、販売農家全体という最大限に広げる形で「岩盤」を提供する「戸別所得補償制度」が登場しました。ただし、平均コスト1万3700円と平均販売価格1万2000円との差額（固定支払い）と過去3年の平均販売価格と当該年の米価との差額（変動支払い）の組合せであり、米価下落が続くと、両者に「隙間」が生じるので、実は1万3700円が「岩盤」とはいえなかったため、のちに基準価格の固定が行われました。

（3）今回の農政改革

筆者は、稲作の生産調整と担い手政策について、かねてより、以下の見解を述べてきました。

すなわち、水田の4割も抑制するために農業予算を投入するのではなく、国内生産基盤をフルに活かして販路を拡大する「生産調整から販売調整へ」の戦略が必要です。米粉、飼料用米などに主食米と同等以上の所得を補填し、販路拡大とともに備蓄機能も拡充しながら、将来的には主食の割り当ても必要なくなるように、全国的な「適地適作」へと誘導すべきです。つまり、主食米、米粉米、飼料米、麦・大豆など、それぞれへの補填額を勘案して、それぞれの経営が自分にあった作目構成を選択していけば、割当枠に頼らずに、全体として需給バランスが維持できて、おいしいお米に自信のある地域はもっと主食用米を増産するなど「適地適作」が進む体系を生み出せます。

拡充した備蓄米を機動的に活用して10億人に近い世界の栄養不足人口の縮小に日本の米で貢献することも視野に入れて、日本からの食料援助を増やす戦略も重要です。備蓄運用も含めて、そのために必要な予算は、日本と世界の安全保障につながる防衛予算でもあり、海外援助予算でもありますから、狭い農水予算の枠を超えた日本の世界貢献のための国家戦略予算をつけられるように、予算査定システムの抜本的改革が必要です。

また、地域の中心的な担い手への重点的な支援強化も必要です。その一方、農業が存在することによって生み出される多面的機能の価値に対する農家全体への支払いは、社会政策として強化すべきでしょう。これは、担い手などを重点的に支援する産業政策と区別してメリハリを強める必要があります。棚田の景色を見ればわかるように農業の持つ多面的な機能に対する対価としての社会・環境政策としての支援と、地域の農地を中心的に担っていく担い手の所得がしっかりと支えられる産業政策としての支援を区別して2本立てにすれば、バラマキとの批判にはならない説明が国民に対してできます。

こうした観点からは、今回の農政改革には、賛同すべき要素もありますが、米価下落時のセーフティネットが不十分になろうとしている点が非常に心配されるのです。

新政策によって、米価が上がるという見方と下がるという見方があります。飼料用米生産を現状の18万トン（その他MA米などが38万トン）から450万トンまで、7000億円の財政負担で増やすということが米価上昇の前提です。飼料用米の増産は重要ですが、このような目標がそう簡単に実現できるわけはありません。家畜の生理から検討しても、畜産農家がそれだけ大量の飼料用米を吸収できるとは、現状では考えにくいと思います。また、現在の米国からの飼料用とうもろこし輸入が約1000万トンですから、米国からの圧力も受けながら、それをコメで半分も置き換えられるでしょうか。

しかも、補助金単価を10ａ8万円から10・5万円に増額したといいますが、680kg／10ａの単収で10・5万円ですから、単収が上がりにくい地域では、現状の8万円を確保できる530kgの達成も困難という声が各地で出ており、現状の8万円を下回る支給しか受けられない農家も多く出てきそうで、飼料用米はむしろ減産する可能性があるという指摘もあります。

そうなれば、主食用の生産枠もなくなる中で、ＴＰＰ（環太平洋連携協定）などの関税撤廃圧力も加わり、米価は趨勢的に下がる可能性を念頭に置かざるを得ません。それに対して、戸別所得補償の10ａ1・5万円の固定支払いと変動支払いを廃止しても、その分は「多面的機能支払い」の充実でカバーするというのです。しかし、「多面的機能支払い」と言っているものは、現行の「農地・水保全管理支払い」を組み換えた集団的な地域資源維持活動への支払いであり、現行に比べて、額的にも、例えば、都府県の田で10ａあたり4400円が5400円に1000円だけ支給単価が上がる程度です。そして、そもそも、この支払いは組織の活動への支援金で、個別経営の所得のセーフティネットには直結しませんから、従来の固定支払いと変動支払いの代わりにはなりません。

こうした中、収入変動緩和策（ナラシ）のみは残し、対象を都府県で4ha以上といった規模では切らないが、認定農業者に絞るというのです。かなり限られた経営への支払いとなる点は、前回の自公政権の時の品目横断型経営安定政策と同じです。そもそも、ナラシだけでは所得は支えられないというのが議論の出発点でした。しかも、将来的には、国の負担をなくし、純粋に民間ベースの収入保険に移行する計画といいますが、米価下落が続くような状況で、国の負担なしに、このような保険が成立しうるとは思われません。

(4) 農地集約とコスト削減の困難性

一方で、米価下落を肯定的に捉え、「米価が下がれば農地が流動化し、規模拡大が進む」という見解がしばしば主張されてきましたが、その論理が正しいなら、米価は1俵2万円を超えていた時代から、1万円前半になるまで下落しましたが、農地は簡単には動いていないことをどう説明するのでしょうか。「米価が下がれば農地は動く」というロジックは実現していません。

表1のとおり、小規模な稲作経営は赤字でも稲作を続けています。0・5ha未満層は、所得がマイナス、つまり、稲作収入で支払経費をまかなえない状況ですが、飯米農家を含めると、この階層のコメ生産に占めるシェアは18%もあるというのが、農水省の推計です。同じく所得がマイナスの0・5~1ha層の生産シェアは23%もあります。1~2ha層は19%、2~3ha層は8%を占めますが、これらの階層も他産業並みの所得は得られない、つまり、企業的には赤字経営の状態です。これらを足すと、生産量で約70%に及ぶ経営が赤字でも稲作を続けているという事実は、農地集約の困難性を物語っています。農協共済総研のアンケート調査(2004年)でも、「手取り米価がいくらになっても自家飯米が中心なので稲作を続ける」と回答した農家が83・3%にも及んでいました。

一方、農地の受け手となる大規模層の地代負担能力は十分に向上しませんでした。そもそも、分散した水田を

表１　米の作付規模別粗収益等（2008年、全国）

区分		単位	平均	0.5ha未満	0.5～1.0	1.0～2.0	2.0～3.0	3.0～5.0	5.0～10.0	10.0～15.0	15.0ha以上
10a当たり	粗収益	円	121,634	120,383	118,797	121,059	118,948	126,721	122,507	125,636	121,941
	資本利子・地代全額算入生産費（全算入生産費）	〃	146,754	217,373	189,499	152,900	130,587	120,748	112,739	103,534	100,494
	副産物価額	〃	3,220	3,193	3,208	3,225	3,043	3,265	3,340	3,414	3,064
	所得	〃	**29,101**	△7,812	△244	**26,998**	**38,431**	**48,420**	**46,968**	**56,044**	**49,139**
	利潤	〃	△28,340	△100,183	△73,910	△35,066	△14,682	**2,708**	**6,428**	**18,688**	**18,383**
60kg当たり	粗収益	円	13,673	14,007	13,819	13,967	13,218	13,959	13,002	13,511	13,964
	資本利子・地代全額算入生産費（全算入生産費）	〃	16,497	25,294	22,035	17,636	14,508	13,294	11,964	11,130	11,503
	副産物価額	〃	361	371	373	372	338	360	355	367	351
	利潤	〃	△3,185	△11,658	△8,589	△4,041	△1,628	**305**	**683**	**2,014**	**2,110**

資料：農林水産省統計部「米及び小麦の生産費」
注：利潤は、「粗収益-生産費総額（全算入生産費＋副産物価額）」により計算した。

一箇所にまとめるのが困難な日本の地理的・社会的条件の下では、コメ生産の規模拡大は同時に圃場の分散化を伴うため、**表１**に示されているように、コメ生産コストは大規模化とともに下がり続けるわけでなく、10～15haで1万1130円、15ha以上では1万1503円と、1俵（60kg）当たり1万円程度で下げ止まり、むしろ15ha以上では若干上がってしまう傾向にあります。

このような中で、米価が趨勢的に下落する下では、過去3年（5年のうちの最高と最低を除く）の平均により計算される「ナラシ」の基準収入が継続的に低下してしまい、所得の減少に歯止めがかからず、そのことが兼業収入の少ない大規模経営ほど深刻な問題となり、将来の投資計画を躊躇するような状況を生み出したため、この事態を改善するために、先述したような「岩盤」（所得の下支え）の議論が起こり、最終的に、戸別所得補償制度の形で結実しましたが、それを、また取り除いて「元の木阿弥」にしてしまうとどうなるでしょうか。

（5）現状の生産構造変化ではコメ生産は縮小する可能性

それを検討する基礎資料として、戸別所得補償制度が導入される直前のコメ生産構造変化を基に、それが続いた場合の将来のコメ生産構造を推定することは有効でしょう。我々は、戸別所得補償制度導入の効果がまだ十分に発揮されていないと考えられる2005年から2010年の5年間におけるコメの作付面積規模階層別の農家の移動割合のデータに基づいて、今後も、この割合で階層間の農家移動が続くと仮定した場合の、2015年から2050年にかけて5年ごとの地域別の農業経営体数を推計しました。

2050年という時点に具体的な意味があるわけでなく、現在の構造変化が今後も継続した場合に長期的にどのような事態が進行するかを見るものと考えて下さい。2050年には、全国の稲作農家数は全国で27万戸と推定され、2010年の1／5以下に減少していきます。なかでも、3・0ha未満の小規模経営の減り方がもっと激しく、現状の10％強の水準まで減少すると見込まれます。一方で、10ha以上の大規模経営は増える傾向で、2050年の15ha以上の経営体数が2010年の2倍以上に増加していく見通しです。ただし、それでも、15ha以上の経営体数のシェアは、全体の経営数の5・5％に過ぎません。構造変化の分岐点は、当面は10haで、その後、10～15ha層も減少に転じるため、長期的には、15haが分岐点になっていきます。

この結果は、階層分化は、劇的なスピードではないものの、着実に進むようにも読めます。しかし、まず、このシミュレーションは米価が下がらない前提で行ったものだということを忘れてはなりません。しかも、コメ生

表２　2010〜2050 年における稲の作付面積規模別の農業経営体数の推移見通し（全国）

	2010 年	2015 年	2020 年	2025 年	2030 年	2035 年	2040 年	2045 年	2050 年
稲を作った田なし	296,623	249,121	206,909	170,968	141,139	116,788	97,129	81,382	68,838
0.3ha 未満	220,783	157,181	114,971	85,805	65,049	49,963	38,828	30,518	24,262
0.3〜0.5	329,934	245,865	184,280	139,143	105,897	81,251	62,863	49,062	38,649
0.5〜1.0	378,033	291,699	224,823	173,411	134,061	104,005	81,058	63,528	50,120
1.0〜2.0	211,121	167,871	133,267	105,695	83,817	66,523	52,895	42,182	33,775
2.0〜3.0	59,604	49,568	41,052	33,851	27,816	22,804	18,676	15,301	12,558
3.0〜5.0	40,579	36,939	32,556	28,152	24,052	20,388	17,199	14,473	12,174
5.0〜10.0	23,269	23,190	22,303	20,857	19,105	17,247	15,417	13,696	12,131
10.0〜15.0	6,334	7,028	7,506	7,757	7,805	7,695	7,471	7,176	6,842
15.0 ha 以上	6,582	9,125	11,108	12,617	13,718	14,471	14,934	15,162	15,205
合計	1,572,862	1,237,588	978,775	778,255	622,459	501,135	406,471	332,479	274,553

資料：2010 年世界農林業センサス「第６巻　農業構造動態統計報告書」により姜薈（JC 総研客員研究員）が推計。

表３　コメの平均作付規模、総生産量の見通し

	2010 年	2015 年	2020 年	2025 年	2030 年	2035 年	2040 年	2045 年	2050 年
総作付面積（ha）	1,439,887	1,341,810	1,272,398	1,221,796	1,182,862	1,150,628	1,121,806	1,094,365	1,067,170
稲を作付けた総農家数（戸）	1,276,239	988,466	771,866	607,288	481,320	384,347	309,341	251,098	205,716
平均規模（ha）	1.13	1.36	1.65	2.01	2.46	2.99	3.63	4.36	5.19
コメの総生産量（2010=100）	100	93.24	88.47	84.99	82.31	80.09	78.1	76.2	74.31

資料：2010 年世界農林業センサス「第６巻　農業構造動態統計報告書」により姜薈（JC 総研客員研究員）が推計。

産量がどうなるかを試算すると大きな問題があることがわかります。

規模階層別の平均作付面積が２０１０年実績のまま推移すると仮定し、階層別の平均作付面積と上記の規模階層別農業経営体数の推計値を用いて、全国および地域別の総作付面積を求めます。さらに、推計されたコメ作付面積に単収を掛けることでコメの生産量を推定します。単収は農水省の作況調査に基づく２００５～２０１２年の８年間の水陸稲合計単収の単純平均値を用いました。

こうして推定した今後のコメ生産量の見通しを**表３**に指数化して示しました。我が国のコメ生産は今後減少を続け、２０５０年には現状の74％程度になる可能性があります。このことは、規模拡大は進むものの、離農や規模縮小農家の減産をカバーできるだけの農地集約が行われず、コメの総生産を維持することができなくなることを示しています。これは、国民に基礎食料を確保する安全保障の観点から、重大な問題です。

また、総農家数が１／５以下に減るということも重大です。これでは、地域コミュニティや行政機関、関連組織が存続できなくなる地域が続出しそうです。地域の伝統、文化も失われ、衰退する地域で、残った経営はどうやって生活していけるのでしょうか。こうした観点も踏まえ、何年にもわたって、現場の痛切な声を受けて実現してきた「岩盤」(所得の下支え）の議論をもう一度しっかりと行う必要があるように思われます。

（２０１４年３月25日時点）

3　水田農業構造の先進地域の動向

近年の我が国の水田農業政策では、大規模経営体を軸とした水田農業の推進が求められ、これら経営体に対して農地の集積が図られています。

本書で取り上げる事例は、愛知県豊田市高岡地区と長野県飯島町の2地域です。愛知県豊田市高岡地区では、兼業化が進んだ平場水田地帯で地域の水田の大半を集積した大規模経営体を取り上げます。この事例では、政策が求める農業構造に限りなく近づいた地域における大規模経営体の水田農業の実態について検討します。長野県飯島町では、中山間地域における大規模経営体（地区担い手法人）の事例を取り上げます。そこでは、大規模経営体が地域農業振興に関与し、農地の出し手である兼業農家と連携していることを明らかにします。

調査方法は、大規模農業経営体に対してはヒアリング調査を行い、農地の出し手である地域の農家の意向把握は、アンケート調査を行いました。

以下、地域内の農地の大部分を占める―占めることが予測される―大規模経営体の現状と課題について明らかにします。

（1）愛知県豊田市高岡地区での大規模水稲経営体の成長と課題

①愛知県豊田市高岡地区における大規模経営体への農地集積

愛知県豊田市高岡地区は、豊田市の南部に位置する都市的地域の水田地帯です。近隣にはトヨタ自動車や関連企業の工場が多数立地し、農家の兼業化の進展により、農地の貸し借りが進んだ地域です。

高岡地区内の農地面積は１３５６ha（２００５年農林業センサス農山村地域調査）であり、水田は１２０７haです。高岡地区には、地区内の半分以上の水田を集める２つの大規模経営体があります。ＪＡあいち豊田は、この２つの経営体に１９７０年代から農地を斡旋してきました。以下、高岡地区内で大規模な水田農業を行う、㈱中甲（以下、中甲）と（農）若竹（以下、若竹）における農地集積の状況と農業経営について見ていきます。

②中甲・若竹による農業経営の展開―ＪＡによる農地利用調整と農地集積の達成―

［1］ＪＡあいち豊田による農地の利用調整―地域の2法人へ農地を集積―

高岡地区内の水田の半分以上は中甲と若竹に集約されています。中甲の経営耕地面積は３９５・１ha、若竹は２８０haです。両法人は農地を借り入れにより集積してきました。中甲・若竹は、共にＪＡ（当時のＪＡはＪＡ高岡でしたが、現在はＪＡあいち豊田となっています。以下、ＪＡあいち豊田と表記）直営のオペレーター組織を基に設立されました。ＪＡ直営のオペレーター組織は、高岡地区の圃場整備を契機に１９６６年に発足しまし

表４　中甲・若竹の農業経営の規模の変化

	年	水稲面積（ha）	転作面積（ha）[1]	水稲+転作（ha）	作業受託 耕起（ha）	代掻（ha）	刈取（ha）	育苗（ha・枚数）[2]
中甲	1974	33.0	45.0	78.0	56.0	39.0	43.0	44.0
	1983	71.7	38.0	109.7	5.5	18.0	42.0	38.3
	1994	153.0	78.0	231.0	10.6	6.2	43.1	9,000
	2013	211.1	262.1	473.2				10,000
若竹	1974	39.0	26.0	65.0	33.0	45.0	19.0	31.0
	1983	70.0	36.0	106.0	5.5	9.9	31.0	15.0
	1994	130.0	61.0	191.0	(-)[3]	4.0	35.0	7,000
	2012	127.1	181.3	308.4		2.8	9.0	4,126

資料：『10年の歩み農事組合法人中甲・若竹』、『おかげさまで20年農事組合法人中甲・若竹』豊田市高岡農業協同組合、及びJAあいち豊田提供資料、中甲（2013年11月22日）・若竹（2013年７月25日）へのヒアリング調査から著者作成

注：１）転作面積には、麦・大豆・牧草・新規需要米等の合計になります。

２）1974年、1983年は資料での表記がha単位であったためhaで表記し、1994年以降は苗箱の枚数で表記しています。また、若竹の育苗枚数は、2012年度の育苗受託売上高から、予約苗の価格から計算したものです。

３）1994年は耕起の作業受託はあったが（10ha未満）、正確な数値が不明なためブランクにしています。

た。１９７０年にＪＡ直営から３つのオペレーター組織として独立し、１９７２年に２つの組織に再編されました。そして、１９７４年にこの２組織は農事組合法人「中甲」と「若竹」となりました（両法人の設立日は同じ年月日です）。

ＪＡあいち豊田がこのような取組を行ってきたのは、１９６０年代以降、自動車工場の進出により農家の兼業が深化し組合員から水田の貸借・農作業受託の斡旋ニーズが高まったのです。ＪＡあいち豊田は、枝下用水の水利施設の状況から高岡地区を東西に分け、東側を若竹、西側を中甲としています。

若竹・中甲は、生産した農産物をＪＡに出荷し、農業生産に専念することで成長してきました。また、両法人の乾燥調製作業はＪＡあいち豊田が設置した高岡地区の東西１ヶ所ずつ設置したカントリーエレベータを利用しており、自前の乾燥調製施設の保有に至りませんでした（両法人の事務所はカントリーエレベータの敷地内、又は隣接した所にあります）。

中甲・若竹の経営規模の変化について**表４**から見ていきます。

1974年の設立時は、中甲と若竹の水稲と転作の作付面積の合計は70ha前後ですが、その後増加し続けています。水稲と転作の作付面積の合計を見ると、中甲は473・2ha（2013年度）、若竹は308・4ha（2012年度）まで拡大しています。一方、作業受託面積は減少し続けています。現在の両法人の農作業受託の中心は育苗です。両法人が水稲農業の作業受託を中心にした農業経営から、農地借入れによる農業経営に変化していることがわかります。以下、両法人の現在の農業経営の状況について見ていきます。

②中甲の農業経営の展開—農事組合法人から株式会社に変化した大規模法人—

中甲（1）は、高岡地区の西側の農地を集積している農業生産法人です。2010年に農事組合法人から農業生産法人に組織変更しました。資本金は3800万円であり、株主は農事組合法人時の構成員と中甲に勤務する従業員の4人です。

経営耕地面積は395・1haであり、耕地は半径4〜5kmの範囲にあります。中甲が経営耕地を保有する地域の水田面積は583ha（2005年農林業センサス）であり、シェアは67・8%に達し、農地の面的集積が進みつつあります。経営耕地は全て借地であり、地代は10a当たり約1万3000円です。水利費は地主の負担となっています。

中甲の作付内容は、水稲の作付けが225・5haで、転作では大豆が60ha、麦が180haです。水稲の作付け品種は、コシヒカリ160・9ha、大地の風64・6haであり、その内、苗の移植栽培は142・4ha、乾田直播は85・7haです。中甲の年間の米の生産量は約2万俵であり、水稲の販売金額は約2億円です。米はJAを通じての販売です。飲食店チェーンへの販売も行っていますが、これもＪＡを通じての販売です。また、一部ですが、ＪＡのグリーンセンター等での直売を行っています。

作業受託は、水稲の育苗を1万箱受託しています。ＪＡあいち豊田を通じ、この作業受託を受注しています。米麦作以外の他に、野菜作も行っています。２０１２年度はキャベツ５ha、トウモロコシ２haの栽培に取り組みました。この野菜もＪＡへの出荷になります。

中甲の主な農業機械の保有状況を見ると、トラクターが23台（30～１００ps）、コンバインが15台（６条11台＋汎用コンバイン４台）、田植機４台（８条）、モアーが５台、ブームスプレアーが５台（自走式は２台）です。

中甲の労働力を見ると、役員および正社員は21人であり、臨時雇用の従業員は20人、ベトナム人研修生が６人となっています。水田農業は中甲の役員・正社員で行い、野菜作は正社員と研修生で行います。また、一部の水田の畦畔等の草刈り作業については、作業委託契約を導入しています。契約するのは地元地主や企業を定年退職した地域住民です⑵。

中甲は、ＪＡあいち豊田を通じて、農地を集積してきました。設立当初は作業受託の割合が多かったのですが、徐々に農地貸借による規模拡大になりました。また、経営耕地面積の規模拡大によりその農業経営も変化しています。

その一つは、水田農業の農作業体制における変化です。現在、中甲は水田農業を北部（３集落）・中央（４集落）・南部（３集落）の３つのグループで分担して行っています。各グループが担当する農地面積は１１０ha～１４０ haで、ほぼ1／3ずつになります。グループの人員は、北部が5人、中央が5人、南部が6人です。この水田農業のグループは、各グループに責任者を置き、農作業もグループ単位で行います。

二つは、経営耕地面積の拡大と育苗受託による水稲の春作業ピークの対処を目的にした乾田直播の導入です。中甲は1987年より直播を行い、現在は水稲作付面積の1／3を占めています。以前は水稲作業の平準化を複数の水稲品種を導入することで行ってきました⑶。しかし、現在では、乾田直播の導入で対応しています。乾田直播の面積は85・7ha（コシヒカリのみ）であり、3月10日～3月末に播種作業を行います。田植の作業時期と面積は、4月20日～5月10日にコシヒカリ75・3ha、5月20～5月末に大地の風61・6haです。乾田直播と品種ごとの田植の作業日数・面積は1／3ずつとなり、作業時期を分散させているのがわかります⑷。

三つは、水稲作・転作のみの農業経営に野菜作を導入した点です。2010年より2haの農地で野菜作を開始しました。2013年現在の野菜作は、専属社員2人と研修生6人で行います。作付け品目はキャベツ5ha（9月～3月）、トウモロコシ2ha（4月～8月）です。キャベツを選択した理由は、愛知県が産地であり水田あとで作付けできる品目できると判断したためです。中甲は、野菜作の導入の要因について、①社員の増加に対する周年作業の確保、②水稲・麦・大豆の収支は水田農業政策の影響が大きいこと、③米・麦・大豆は加工品や直売が簡単ではない点を挙げています。

このように、中甲は、JAによる農地貸借の斡旋を通じて水田農業の規模拡大を行ってきました。中甲は水田農業の規模拡大に対し、農作業の作業班を3分割し、各班がそれぞれに農作業を行っています。さらに、農作業が集中する春作業を平準化するために乾田直播を導入しています。ただ、畦畔の草刈り作業は社員だけでは対応できず、委託者が必要となっています。また、社員の周年作業を確保する他、水田農業の先行きの見通しの不安から野菜作にも取り組んでいます。水稲・転作からなり、政策による影響を大きく受ける水田農業経営を補完する取り組みです。

中甲は、現状の社員数では規模拡大の余力は無く、拡大するために社員を増員する予定です。しかし、新たな雇用は、農業技術の習熟の時間を要するため、収量・品質が低下しがちになります。そのため、新規雇用に対する助成の充実を求めています。

また、地域における中甲の農地の占有率の拡大に伴い、農地の面的集積が進んでいますが、農地の畦抜き等による圃場区画の拡大は難しい状況にあります。これは、高岡地区はなだらかな丘陵地形により水田の畦畔が大きいこと、そして地主が貸し付けている農地の区画が分かり難くなるため認めてもらえないためです(5)。そのため、「経営耕地の拡大による占有率上昇⇩農地の面的集積⇩集積農地の独自圃場改良での作業効率の上昇」と簡単にならないのが現状です。

3若竹の農業経営の展開―規模拡大の進展とその対応―

次いで、若竹について見てみましょう。若竹は高岡地区の東側の農地の集積を行い、規模拡大に応じて人員の拡充をしてきました。現在の農事組合法人の組合員は11人であり、組合員は65歳定年となっています。農業に従事する従業員は2人であり、4年間継続して勤務を行うことで組合員になる資格を得ます。創業時の組合員は1

人（62歳）だけです。その他の組合員は、創業者との血縁が無い地元出身者になります。

法人の役員に当たる理事は３人です。理事の選任は組合員の選挙で選出し、任期は3年です。理事は、代表理事、転作担当理事、水稲担当理事に役割が分かれています。

現在の経営耕地面積は約２８０haです。農地は全て借地であり、地代は圃場の形状・面積で4ランクに分けられます（10ａ当たり８５００～1万５５００円。農地の水利費は地主が負担）。若竹による高岡地区東側の水田面積のシェアは48・６％であり、農地の面的集積が進んでいます。借入農地は主に圃場整備済みの農地で、畦畔率は12～15％です。

２０１２年度の作付状況について見ると、水稲面積が１２７・1ha、転作面積は１８１・３haです。水稲の品種別でコシヒカリが48・０ha、大地の風が48・６ha、ミルキークインが20・７ha、あきだわらが９・８haです。水稲の栽培方法別では、直播栽培が44・２ha（播種作業時期：３月15日～４月９日）、移植栽培が82・９ha（田植作業時期：４月23日～5月13日）です。乾田直播の導入は、作付規模の拡大と育苗受託により移植栽培だけでは対応できなくなったためです。

転作は、小麦が１３１・３haであり、小麦の農地で大豆を50ha栽培しています。作業受託は、代掻き２・８ha、刈取９ha、草刈が40ａ、水稲の育苗受託は４１２６枚です。水稲の作業受託は地元農家による依頼が主です。

若竹の２０１２年度の米の生産量は約1万１０００俵であり、水稲の売上高は合計で約１・７億円です。麦・大豆の売上高２２００万円と作業受託等を加えると年間の農業売上高は約２億円です。

主な農業機械について見ると、トラクター17台（ps：50～90）、田植機が3台（8条）、コンバインは自脱式コンバインが8台（5条×1、6条×7）、汎用コンバインが5台、マニアスプレッダが1台、管理機が2台です。

若竹の組合員・従業員数は、組合員11人、正社員2人、臨時雇用者の13人です。11人の組合員は、代表理事を除き品目・栽培方法ごとに担当が割り振られ、責任者（組合員から選ぶ）が決定されます。水稲は6人（移植栽培：3人・乾田直播：2人・水稲担当理事1人）、転作が4人（大豆：1人・麦：2人・転作担当理事：1人）、育苗担当が1人となっています。臨時雇用者13人のうち、育苗の手作業やダンプ運搬、草刈り作業を行うのが9人、水管理が4人となっています。臨時雇用者の中で水管理を行うのは、若竹OBである2人と、地主（70代・男性）の2人です。正社員の給料は固定給であり、組合員は農作業の従事量に基づく従事分量配当で収益配分が行われています。

若竹も水田農業の規模拡大から移植栽培は限界に近づき、乾田直播を導入しています。また、規模拡大は1圃場当たり年間3回行う畦畔の草刈りの作業負担が大きくなり、臨時雇用者が必要となっています。

今後の農業経営の展望としては、水田農業に特化し、園芸品目の導入は考えていません。これは、現状の労働力では手が回らないということに加え、水田農業に特化した農業経営をめざしたいという意志によるものです。

若竹は、現状の組合員・社員では現在の規模を最適と考えており、規模拡大には消極的です。しかし、地域の育苗のニーズに応えるため、育苗ハウスの増築を検討しています。また、地域から要望があれば、増員による規模拡大を考えています。

③高岡地区における大規模水田農業経営体の費用の実態―若竹の製造原価から―

中甲と若竹の農業経営について見てきました。両法人はＪＡの農地集積の支援により規模拡大を続け、地区内における農地の占有率は55・９％に達しています。このような地域の農地の多くを占める大規模経営体の水田農業の生産費用について若竹から見ていきます。これは、若竹の農業経営は水稲・転作による水田農業の生産に特化しているためです。

２０１２年度の若竹の農業経営の成績を見ると、営業売上高は2億87万円(6)、営業外収益が1億８１２８万円です。農業生産は、水稲の反収が４６４kgであり、小麦の反収が３３９kg、大豆の反収が１２０kgです。２０１２年度の営農類型統計における稲作1位の組織経営体の平均に比べると、水稲（５１０kg／10ａ）と大豆（１８０kg／10ａ）の反収は低く、麦類（２９０kg／10ａ）の反収は高くなっています。

さらに、若竹の農業生産の状況について水田作付面積から見ていきましょう。**表5**は、若竹と２０１２年度の営農類型統計における稲作1位の組織経営体を「農業専従者1人当たりの水田作付面積」および「10ａ当たりの製造原価」で比較したものです。比較する対象は、稲作1位の組織経営体の平均（以下、平均経営体(7)）と水田作付面積50ha以上の組織経営体（以下、50ha以上経営体(8)）です

まず、農業専従者1人当たりの水田作付面積を見ると、若竹は1人当たり23・７haとなり、平均経営体の7・8ha、50ha以上経営体の9・7haに比べ遥かに大きいことがわかります。

また、作付面積10ａ当たりの労働時間（生産部門）を見ると、若竹の全作付面積では9・0時間、水稲のみで

表５　若竹と稲作１位の組織経営体との農業経営の比較

		若竹（収益配分）[1]		組織経営体平均		水田作付50ha以上	
水田作付面積/農業専従者[2]		23.7ha		7.8ha		9.7ha	
水田作付10a当たり労働時間		9.0		20.2		16.5	
水稲作付10a当たり労働時間		9.0		18.7		17.8	
水田作付面積10a当たりの製造原価		製造原価/10a		製造原価/10a		製造原価/10a	
		（円）	比率：%	（円）	比率：%	（円）	比率:%
材料費[3]：A		13,183	13.8	24,659	18.8	21,515	19.4
	種苗費	1,910	2.0	4,217	3.2	3,850	3.5
	肥料費	6,888	7.2	9,427	7.2	8,039	7.3
	農薬費	4,325	4.5	7,498	5.7	7,018	6.3
労務費：B		41,918	44.0	41,380	31.5	40,611	36.7
作業委託費：C		12,397	13.0	5,502	4.2	4,847	4.4
減価償却費：D		2,804	2.9	10,499	8.0	8,178	7.4
その他製造経費[3]：E		25,038	26.3	49,271	37.5	35,586	32.1
	支払地代	11,451	12.0	13,431	10.2	10,013	9.0
	修繕費	5,670	5.9	8,865	6.8	6,772	6.1
	賃借料	2,929	3.1	9,858	7.5	8,768	7.9
総計：A+B+C+D+E		95,340	100.0	131,312	100.0	110,737	100.0
農業粗収入[4]/10a[5]		57,414	52.6	129,722	71.1	106,867	67.6
農業粗収入+営業外/10a[5]		109,232	100.0	182,503	100.0	158,126	100.0

資料：若竹の2012年度の製造原価資料及び2012年度営農類型統計より

注：１）労務費は、従業員等の給与等だけでなく、組合員への従事分量配当も含めています。

２）組織経営体の農業専従者は専従換算農業従事者から求めています。

３）材料費・その他製造経費の内訳については主な科目のみです。

４）農業粗収入は2012年度の農業売上高（米・麦・大豆）です。

５）水田作付（水稲・麦・大豆）面積の10a当たりです。

も９・０時間となっています。平均経営体、50ha以上経営体に比べて非常に少ない労働時間となっています。

続いて、10a当たりの製造原価を見ましょう。若竹は農事組合法人であり、組合員は従事量に応じた収益配分を受けるため、製造原価に労務費は含まれません。そこで、若竹の製造原価における労務費に組合員の従事分量配当⑼を加えて試算し比較しました。**表５**によると若竹の10a当たりの製造原価は９万５３４０円になります。平均経営体の10a当たりの製造原価は13万１３１２円、50ha以上経営体は11万７３７円であり、若竹の製造原価が低いことが分かります。

ただ、若竹の売上高における米の比率

は8割以上ですが、麦・大豆の作付面積は、水稲の作付面積を大きく超えています。麦・大豆は種苗や農薬等の諸材料費が低い点も考慮する必要があります(10)。

また、転作も含め作付面積を拡大することで、若竹の農業機械・施設等の減価償却費は一層低くなり、平均経営体の26・7％、50 ha以上経営体の34・3％に留まっています。

以上、整理しますと、若竹は地域の農地の大半を占有する大規模経営体であり、経営耕地の拡大と面的集積を大きく進展させています。また、農業従事者1人当たりの作付面積も大きく、作付面積10 a当たりの製造原価も低く抑えられています。ただ、このような若竹の農業経営であったとしても作付面積10 a当たりの農業粗収入では組合員の農業従事への収益配分を含めた製造原価を賄うまでには至らず、経営所得安定対策等の交付金による営業外収益が必要となっています（表5参照）。そのため、地域農業の担い手を支えていくためには、政策支援による岩盤の支えが非常に重要と言うことができます。

注

（1）中甲の設立と展開については倉内［1］を参照。また、中甲の1980年代初頭の農業経営については津田［2］を参照。

（2）この草刈り作業は時給での給与を支払いだけではなく、草刈り面積に応じて支払うこともあります。面積払いは、契約した畦畔面積の草刈りを年3回行うもので、畦畔面積1000㎡当たり年間1・8万円支払います。

（3）中甲は1997年時点の水稲作付面積137・0 haに対して6品種（コシヒカリ54・0 ha、ミネアサヒ9・2 ha、葵の風31・4 ha、ひとめぼれ13・4 ha、若水24・0 ha、その他5・0 ha）以上の作付けを行っていました。

（4）中甲は、乾田直播の導入により、秋～冬にも耕起作業が必要となり、農閑期にも社員の仕事ができたことを評価しています。

（5）今回行いましたJAあいち豊田組合員アンケートの回答では、圃場区画の拡大を「認めて良い（26・4%）」が、「認めない（19・9%）」を超えましたが、最も多いのが「回答無し（53・6%）」です。また、認めない理由で最も多いのは、「農地の売却ができなくなる（31・5%）」「自分で耕作できなくなる（31・5%）」です。そのため、簡易な圃場整備を認める地主はある程度いますが、その割合は大半を占めていません。詳細は、「④JAと共に歩む大規模経営下のJA組合員の意識―JAあいち豊田へのアンケート調査を通して―」を参照。

（6）2012年度の若竹の米価は1万3700円／俵でした。

（7）2012年度の平均経営体の水田作付面積は31・8haであり、主な作付け内容を見ると、水稲は20・9ha、麦類は4・8ha、白大豆は5・1haとなります。

（8）2012年度の平均経営体の水田作付面積は78・9haであり、主な作付け内容を見ると、水稲は45・9ha、麦類は14・9ha、白大豆は15・4haとなります。

（9）若竹はタイムカードの出役時間を基に収益配分を行います。時間当たりの収益配分は組合員としての従事年数により異なります。従業員の時期も含めて10年間で、時間当たりの収益配分の金額は上限に達します。

（10）比較した平均経営体の麦・大豆の作付面積の割合は31・1%、50ha以上経営体でも38・4%に留まります。また、2012年度の生産費調査から見ても、都府県平均の10a当たりの米の諸材料費（種苗・農薬・肥料）は2万658円に対し、小麦は1万2266円、大豆は9483円と低くなっています。そのため、若竹の諸材料費が著しく低い理由として、麦・大豆の作付割合が高いことが要因と判断できます。

【参考文献】
［1］倉内宗一「農事組合法人中甲の発展とその条件―豊田市高岡地区オペグループの実践と考え方」『農―英知と進歩 No.28』財団法人農政調査委員会、1975年、14～29頁
［2］津田渉「借り足し型小作料水準から小作料水準からの「解法」―豊田市農協と中甲法人―」阪本楠彦編『土地価格の総合的研究』農林統計協会、1984年、696～720頁

④ＪＡと共に歩む大規模経営下のＪＡ組合員の意識―ＪＡあいち豊田へのアンケート調査を通じて―

本稿に求められた課題は、地域内で農協を窓口とした農地流動化と、農地の受け手である大規模法人の支援を行っているＪＡあいち豊田の組合員が、地域の農業についてどのように考えているのかを明らかにすることです。

ＪＡあいち豊田の管轄である豊田市高岡地区では、40年以上前から、中甲・若竹の二つの組織が地域の農地の受け手となっているという点は前述の通りです。そこで、本稿ではその農地の出し手である組合員たちが現在の状況をどのように捉えているかについて、組合員へのアンケートを通じて明らかにしたいと思います。

アンケートは、２０１４年1月にＪＡの会報を配布する際に正組合員に配布し、２０１４年2月末を締切として高岡営農センターで回収しました。配布件数は２３７０件で、回収数は２９２件（12・３％）有効回答数は２７６件（11・６％）でした。この回収率は筆者たちが想定していたよりも低く、そのため、ＪＡに対して関心の低い組合員たちの回答はほとんど得られず、回収できた回答はＪＡにより関心の高い組合員たちのものだという点を念頭にいれて結果をみる必要があります。

それではアンケートの結果を見ていきましょう。まず、回答者の年代は、40歳未満1名（0・3％）、40歳代5名（1・8％）、50歳代22名（8・0％）、60歳代99名（35・9％）、70歳代127名（46・0％）、80歳代22名（8・0％）と、60歳以上の割合が9割を占めていました。また、耕作状況については、所有地を一切貸し出さずに自作している人は156名（56・5％）、また、所有地の一部を耕作して一部は貸し付けている人は84名で、そのうち水田も耕作している人は41名（14・6％）、同様に水田は全て貸してしまい畑だけ耕作している人は43名（15・6％）、そして、全く耕作せずに全て貸し付けている人は36名（13・0％）でした。よって、回答者の半数以上は現在も耕作を続けている人たちだったということがわかります。また、所有地の一部を耕作して一部は貸し付けるという場合には、他の担い手に水田を一部貸していても、飯米分は自分で耕作する人と、水田は全て貸してしまい、畑だけ耕作して自給的な野菜などを生産している人の2種類が存在することもわかりました。

まず回答者が貸付先としてどこを意識しているかという質問を行いました。詳細は省きますが、未回答を除く174名の回答者のうち、貸付先をJAあいち豊田と意識している人は、74名（42・5％）、地域の担い手94名（54・0％）、その他6名（3・4％）という結果になりました。実際に耕作している地域の担い手だけでなく、農地流動化の窓口となっているJAも貸付先として意識されていることがわかりました。

次に、**表6**では圃場整備に対する回答を集計しました。こちらも、本来農地を貸し付けている人に対して、担い手に貸している農地が大型機械の導入などのために圃場整備の必要が出てきた場合、受け入れるか否か、という意図の質問でしたが、全て自作の場合にも回答があったため参考に入れてあります。圃場整備を認めるかとい

表6　耕作状況別の圃場整備への考え

	圃場整備を認めるか			計	認めない理由				計
	認める	認めない	回答なし		農地を売る時に困るため	自分で耕作できなくなるため	今の貸付先以外に貸せなくなるため	圃場整備が済んでいるため	
全て自作	8 5.1%	9 5.8%	139 89.1%	156 100.0%	3 33.3%	4 44.4%	1 11.1%	1 11.1%	9 100.0%
一部耕作	45 53.6%	32 38.1%	7 8.3%	84 100.0%	10 32.3%	9 29.0%	2 6.5%	10 32.3%	31 100.0%
水田耕作	22 53.7%	16 39.0%	3 7.3%	41 100.0%	5 31.3%	6 37.5%	2 12.5%	3 18.8%	16 100.0%
畑のみ耕作	23 53.5%	16 37.2%	4 9.3%	43 100.0%	5 33.3%	3 20.0%	0 0.0%	7 46.7%	15 100.0%
全て貸付	20 55.6%	14 38.9%	2 5.6%	36 100.0%	4 28.6%	4 28.6%	3 21.4%	3 21.4%	14 100.0%
計	73 26.4%	55 19.9%	148 53.6%	276 100.0%	17 31.5%	17 31.5%	6 11.1%	14 25.9%	54 100.0%

資料：アンケート集計結果より筆者作成。

表7　耕作状況別の地代水準

	地代水準								未回答	計
	3,000円未満（水利費程度）	3,000〜5,000円	5,000〜8,000円	8,000〜10,000円	10,000〜12,000円（1俵程度）	12,000〜15,000円	15,000円以上	小計		
全て自作	0 0.0%	0 0.0%	1 9.1%	4 36.4%	4 36.4%	2 18.2%	0 0.0%	11 100.0%	145 92.9%	156 100.0%
一部耕作	2 2.6%	3 3.8%	3 3.8%	9 11.5%	50 64.1%	7 9.0%	4 5.1%	78 100.0%	6 7.1%	84 100.0%
水田耕作	0 0.0%	0 0.0%	2 5.3%	5 13.2%	28 73.7%	2 5.3%	1 2.6%	38 100.0%	3 7.3%	41 100.0%
畑のみ耕作	2 5.0%	3 7.5%	1 2.5%	4 10.0%	22 55.0%	5 12.5%	3 7.5%	40 100.0%	3 7.0%	43 100.0%
全て貸付	1 2.9%	3 8.8%	2 5.9%	5 14.7%	20 58.8%	1 2.9%	2 5.9%	34 100.0%	2 5.6%	36 100.0%
計	3 2.4%	6 4.9%	6 4.9%	18 14.6%	74 60.2%	10 8.1%	6 4.9%	123 100.0%	153 55.4%	276 100.0%

資料：アンケート集計結果より筆者作成。

う質問に対しては、一部耕作・全て貸付の場合には半数以上が認めると答えています。これは、圃場整備を認めて隣の圃場と地続きになっても、地域の担い手が権利関係をあやふやにせず、きちんと管理してくれるだろうという信頼の表れであるといるでしょう。認めない場合、なぜ認められないかという質問については、「農地を売る時に困るため」、「自分で耕作できなくなるため」、「今の貸付先以外に貸せなくなるため」という選択肢に加え、「圃場整備が済んでいるため」という答えも聞かれました。

表7では、現在の地代水準を尋ねました。こちらも本来農地を貸し付けている人に対して尋ねたものですが、全て自作の人の答えは1俵程度から上方と下方に分散しているのが特徴です。それ以外の耕作状況については、1俵程度の1万円から1万2千円の間で落ち着いていました。しかし畑のみ耕作や全て貸付の耕作状況では5千円以下という回答もあり、耕作してくれればそれでよいという場合には地代が安くなっているのではないかと考えられます。

以上、限られた項目からですが、JAあいち豊田の組合員の意識を見ました。最後になりますが、今後の農業の予定について尋ねると、規模拡大と答えた人は4名（1・4％）、規模縮小と答えた人は9名（3・3％）、現状維持と答えた人は187名（67・8％）、離農と答えた人は31名（11・2％）、未回答は45名（16・3％）でした。現状維持と答えた人たちが半数以上いたことは、大規模な経営体が農地を集積している状況がありながらも、今回のアンケートに回答した組合員の多くが農業を続けたいと考えていることを示しています。

（2）長野県飯島町における地区担い手水稲経営体の展開—中山間地域の動向—

本節では、中山間地域での水稲作地帯における大規模水稲経営体の経営動向、並びに同経営体を取り巻く他の経営体の経営実態を報告します。以上に加えて、これら担い手への農地流動化の出し手である兼業農家の農地利用意向等についても報告します。

①飯島町における地域農場制システムと地区担い手法人の設立

飯島町における地域農場制の試みの特徴を一言で言うと、土地を始め人的資源を含め地域に賦存する諸資源について、個別所有の枠を超え、一体的に利・活用しようという、所有と利用の分離にあります。こうした画期的な地域農場制の試みについて、地元では「組織農業」と言ったり、「地域複合営農」と呼んだりしています。そしてこの組織農業の核となるのが、以下の町営農センターであり、地区営農組合です。

1町営農センター・地区営農組合の設立

「町営農センター」は1986（昭和61）年に設立されていますが、同センターは関係するすべての機関や農業者代表を構成員とし、機能的には地域営農マネージメント機関（企画立案組織）です。そして、その下部組織・実行組織として地区営農組合が組織されています。地区営農組合は、原則町内全農家が参加する組織で、4旧村単位（飯島・田切・本郷・七久保、各地区160～450戸）ごとに作られており、農用地利用改善団体の機能を有しています。

2営農センター・地区営農組合の活動概要

2002（平成14）年には活動の実績が認められ、集団組織の部で第31回日本農業賞大賞を受賞しました。農地利用調整システム及び栽培協定等の活動の特徴は以下の通りです。

⑴一任による農地利用集積

貸し手希望を有する地主は、地区営農組合に特別な条件をつけずに一任することになっています。そして一任された利用権は、地区営農組合が調整主体となり、農地利用集積を推進しています。

また地区営農組合では利用集積の調整を農地利用部会で行うことになっています。ただし、実際の事務上の手続きは、ＪＡが農地利用集積円滑化団体（現・農地中間管理機構）の資格を有していることにより、一旦は地区営農組合に利用権の設定がなされ、その後農地内利用集積円滑化団体であるＪＡが地区営農組合の策定した農地利用集積計画に基づき、借り手に貸し出しています。

借り手は、農業委員会・営農センターが定める農地管理基準により善良な管理を行いますが、その際ＪＡは単に利用権設定の仲介・斡旋にとどまらず、小作料の徴収支払い等精算事務を行っています。

⑵一部地区では転作ブロックローテーションを目指した栽培協定

旧村からなる4地区のうち本郷地区のみですが、永年作物、畑作、花卉などの転作ブロックローテーションを栽培協定により団地化して集合的に実施していることも特徴点となっています。その際、湿田・辺地で稲作しか作れないほ場については、ローテーションから除外するという配慮がなされています。主な輪作体系としては、「水稲―麦―ソバ」、「ソバ―ソバ―稲」の2年3作体制となっています。

⑶水稲作付け品種による栽培協定

表８　各地区営農組合と担い手法人の設立状況

地区営農組合	地区担い手法人	設立登記年月	資本金	株主数
七久保地区営農組合	（有）水緑里七久保	2005年４月12日	300万円	15名
田切地区営農組合	（株）田切農産	2009年５月30日	300万円	247名（当初社員数）
本郷地区営農組合	（有）本郷農産	2006年２月８日	350万円	121名
飯島地区営農組合	（株）いいじま農産	2007年４月６日	250万円	８名

同町は、河岸段丘の傾斜地帯に位置することにより、水稲作付け品種の栽培協定が行われています。これにより町内全地区で適地適作の良質米生産が実施されるようになっています。そして農家間の収入格差を補てんするため、互助制度（とも補償）が用意され、全品種同一価格とするプール精算が実施されています。

③地区担い手法人の設立

１９８６（昭和61年）以降、営農センター・地区営農組合を設立して全戸参加で町ぐるみ・地域ぐるみによる地域複合営農を進めてきたものの、設立15年以上経った時点で「飯島町でも担い手農家の減少や高齢化で、米をはじめとする全ての農業生産が大幅に減少」（「地域複合営農への道Ⅲ」飯島町営農センター、２００４年、３頁）しました。また、この頃実施された一連の米政策改革などから、土地利用型農業の体質強化に向けて各地区営農組合を基盤とした地域農業の担い手「地区営農組合法人」、いわゆる二階建て部分に該当する法人の育成の取り組みが２００４（平成16）年頃から開始されました。

その結果、以下の一覧表のように各地区営農組合それぞれに土地利用型の「地区担い手法人」が設立され、現在に至っています。

④中山間地域における大規模経営体の存続条件・周辺経営体との役割分担の必要性

最後に飯島町の事例の本ブックレットにおける意義を述べます。

中山間地域においても、スケールメリットを発揮するなどをして生産費を抑えた、地域農業の大宗を担う大規模経営体の育成が必要です。その場合、経営体を担う農業者は専任であるが故に、他産業並み等の所得水準を確保する必要があります。

しかしながら、中山間地域であるが故に、未整備・条件不利のほ場が多く大規模経営体がすべからく管理し耕作することは、以上の事由から不可能です。大規模経営体に農地集積を進めつつも、同経営体を補完するように、並立しての農業経営体の存続が求められます。とりわけ、地域資源管理面での機能分担が求められます。

以下では、大規模経営体として田切農産を紹介し、周辺経営体を3経営体を紹介しています。田切農産は地域農業の大宗を担うべく設立されましたが、周辺経営体の一つ一般社団法人月誉平栗の里は、ある意味地域資源管理機能に特化した法人となっています。

今後の我が国における水田農業について、大規模経営体が地域農業の大宗を担うべきだとしても、立地条件別に考えていく必要があるといえるでしょう。

②地区担い手法人の農業経営の展開—㈱田切農産より—

1 ㈱田切農産の農業経営と田切地区営農組合

㈱田切農産（以下、「田切農産」という）は2005年に田切地区営農組合の機械利用部会から独立して設立した農業生産法人です。田切農産の株主は地区の農地所有者で構成される田切地区営農組合の組合員全員であり、地区の農業を担う目的で設立されました。

まず、田切地区営農組合について述べます。田切地区営農組合は任意組織ですが、地域の農地所有者から構成された組織です。田切地区営農組合は、地区内組合員から貸付けの希望があった農地の利用調整(1)や作業受委託の斡旋、農業機械・施設の地区担い手への貸与や整備を行っています(2)。そのため、農地から農作業の受委託の調整、農業機械・施設等の貸与等により、地区農業の全体を管理する組織とも言えます。この組織の活動費用は、1戸当たり2000円の組合費の他に、中山間直接支払いの交付金、飯島町及び飯島町農業再生協議会からの補助金等で賄われています。ここでは、田切農産の農業経営に密接な関係がある農業機械・施設の貸与に着目して見ていきます。

田切地区営農組合が保有する農業機械は、トラクター4台（65 ps×2、43 ps×1、30 ps×1）、コンバイン6台（汎用2台、自脱6条×3、7条×1）、田植機3台（6条、8条×1、不明1）、水稲直播機械1台等、乗用管理機、ネギ収穫機等です。主な農業施設としては、ソバの乾燥・調製施設（ソバ選別機・調製・金属除去等機械等）や格納庫等を保有しています。

農業機械・施設の貸借を管理する機械利用部会の2012年度の収支について見ると、収入は823万円であり、支出は790万円となっています。収入の多くは機械賃借料（566万円）です。この機械賃借料は田切農産からの支払いであり、田切農産は水田農業の主要な作業に必要な農業機械を殆ど保有していません。また、農業機械の購入費用は、地区に交付される中山間直接支払い交付金を活用しています。交付金は一旦田切地区営農組合に支払われ、そこから個人配分・農業生産体制整備・共同取組活動（鳥獣害事業負担等）等の科目別に支出されています。２０１２年度は６５７万円が交付され、支出先を見ると、個人配分が３１５万円、農業生産体制整備が２２３万円、共同取組活動が91万円となっています。この農業生産体制整備への支出は、機械利用部会の会計に繰り入れて、田切地区営農組合の農業機械の共同利用における農業機械の導入費に充当しています。

一方、田切農産は、地区農業の担い手だけでなく、地区における水稲に関する施策（２０１１年度は農業者戸別所得補償）の手続きのとりまとめの役割も担っています。地区内の水稲作は、田切地区営農組合が水田の農地利用計画を立案し、田切農産が戸別所得補償（当時）の代表申請を行います。この際、田切農産が申請する農地は、全て田切農産に利用権設定が行われ、農地の利用権の設定を行った地区営農組合員が水稲栽培を希望する場合は、田切農産から水稲作の再委託を受けます。田切農産によると、この再委託面積は46 haとなっています。

これらを整理すると、田切農産は、田切地区営農組合の農地利用・農作業受委託の調整、農業機械の貸与を前提に農業経営を行う法人であり、さらに、地区の農業政策における交付金の受領と配分の機能も担っており、地区営農組合と連携・協調して農業を行う法人と言えます。

②田切農産の農業経営の状況

田切農産による農業経営の内容は、水稲作と転作大豆・ソバによる水田農業とネギの栽培、農作業受託、さらには農産物直売所の運営に及びます。２０１１年度に利用権設定を行った経営耕地面積は１０８haです。このうち46 haは田切地区営農組合員への水稲再委託であり、実際、田切農産が耕作する耕地面積は62 haになります。田切地区にある水田面積は２０４ha（２００５年農林業センサス）であり、地区の水田全体の約３割を占めています。

田切農産の作付け及び規模は、水稲作付面積は23・9ha（水稲作付内容：コシヒカリ13・5ha、酒造好適米9・9ha（たかね錦・美山錦）、もち米0・5ha）、大豆が19・5ha、ソバが10・8ha、WCS（稲発酵粗飼料）が1・7ha、小麦が1・0ha、ネギが4・1ha、トウガラシが0・4ha、その他野菜類が1・3haとなっています。作業受託は、農作業の延べ受託面積が85haで、主要な受託作業の内容及び規模は刈取作業が42ha、田植作業が15ha、育苗作業が10haとなっています。その他に米と大豆の乾燥調製も行っています。

田切農産における労働力は、代表取締役が1人（男性52歳）、非常勤の役員が1人、正社員が5人（男性4人：30代～50代・女性1人：40代）、常時雇用のパート15人程度となっています。ネギを除く主な農作業については、代表取締役と男性社員4人が水田農業の農作業を行っています。ネギ栽培は地元の農家出身者によるパートを中心とした作業を行っています。また、直接の雇用ではありませんが、地域の農家に水田の畦畔の除草を10a当たり9000円、水管理を10a当たり5000円で委託しています。

田切農産が保有する主な農業機械・施設を見ると、代掻き、田植え、稲刈り等の水稲の基幹作業を行うトラクター・コンバイン・田植機を保有しておらず、これらの機械は地区営農組合から借りて作業を行っています。保有している主な農業機械は、管理機、動力散布機、ネギ作業に必要な機械（ネギ選別機（2台）・結束機（2台）・残渣処理機）、草刈機（乗用1台、法面機1台含む）等です。農業施設は、水稲の乾燥・調製機（3台で120石）や籾摺り機械、大豆乾燥施設、倉庫等があり、その他に農産物直売所があります。

田切農産の2011年度における農産物売り上げの合計は9023・4万円でした（図2参照）。その内訳は、米が2906・3万円、大豆・ソバ・小麦・WCSが527・7万円、ネギが3004・9万円、トウガラシ・その他野菜等、野菜全体の売り上げの合計が339・5万円でした。農作業受託は695・3万円の収入となりました。直売所の売り上げは1522・3万円です。また、田切農産は、水稲を再委託した地区営農組合員が生産する米も販売しており、売り上げは2245・0万円です。

支出の内訳は売上原価が1億3187・9万円で、その内製造原価が1億1930・6万円でした（図2参照）。また、販売及び一般管理費が1953・4万円、営業外費用が33・0万円でした。営業外収益の3968・8万円を含めると黒字となります。

田切農産の特徴は、水稲に加え、ソバ・麦・大豆の転作に取り組むだけでなく、ネギ等の野菜作を導入していることです。ネギの売り上げは、総売り上げの3割強を占めています。しかし、田切農産の経営者であるS氏は、ネギ等の野菜作を法人の利益捻出の手段と考えていません。ネギ栽培を導入の目的は地区の農家に対する仕事づくりです。また、水稲栽培の再委託による米の販売代金と戸別所得補償による交付金を配分することにより、地区内の水稲作農家の所得確保にも取り組んでいます。これは、中山間地域で水田の傾斜が急な当該地区では、法人だけでは水稲農業に取り組むのは難しく、地区内の農家が水田農業を継続し、また、農地を貸し付けたとしても農業に関与できることが望ましいと考えているためです。そのために地元の農家に様々な収益分配を行っているのです。そこで、田切農産による地区内農業者への収益分配の状況について見ていきたいと思います。

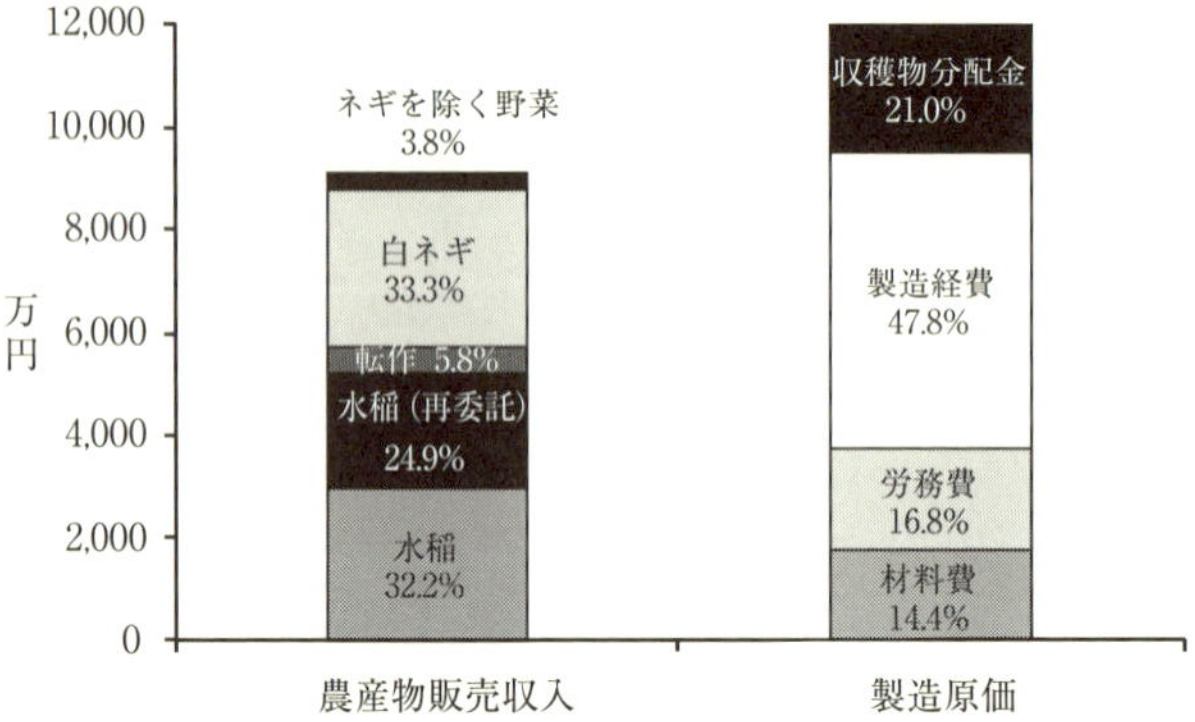

図２　田切農産の農産物販売収入と製造原価の構成（2011 年）

資料：田切農産提供資料より。

３田切農産の地区農業者への収益分配の状況―田切農産の資料から―

田切農産は、白ネギ栽培による田切地区の農家へ様々な仕事の提供や、水稲の再委託分に対する米販売代金と交付金の支払いを行っています(3)。**図２**から分かるように、地区の農家への仕事提供を目的にした白ネギは農産物売り上げの33・０%を占め、製造原価においては収穫物分配金が21・０%を占めています。この収穫物分配金は、田切農産が地区の農家に再委託した水稲の販売代金と戸別所得補償（２０１１年）の交付金等になります。

次いで**表９**から製造原価を作付面積10ａ当たりに分解し、さらに、品目別に簡易な整理を行い、労務費等を通じて地区の農家にどれだけ収益分配をしているか見てみます。白ネギの２０１１年度の製造原価は２９７９・１万円であり、白ネギの作付面積10ａ当たりの製造原価は72万６６３０円となっています。その内、労務費・作業委託費が地区の農家への支払いとなります。労務費は、白ネギの育苗・移植・防除・耕起・畝立・収穫・選別作業の対価であり、製造原価の29・１%を占めます。作業委託費は、白ネギの圃場の管理作業（土

表９　田切農産の作付10a当たり製造原価の状況

	田切農産（2011年度）（作付62.2ha　水稲23.9ha　ネギ4.1ha、転作32.9ha）						参考：組織経営体（稲作１位・2011年度）稲作付２～30ha（作付41.9ha　水稲25.3ha）			
	製造原価/白ネギ10a		製造原価/ネギ除10a		製造原価/水稲10a		製造原価/作付10a		製造原価/水稲10a	
	（円）	比率％	（円）	比率％	（円）	比率％	（円）	比率％	（円）	比率％
材料費	112,586	15.5	21,631	14.0	27,358	21.4	19,721	17.1	21,330	17.6
労務費	211,463	29.1	19,505	12.7	36,486	28.5	34,619	30.0	35,955	29.7
作業委託費	241,584	33.2	25,468	16.5	21,769	17.0	7,712	6.7	9,479	7.8
収穫物分配金	3,659	0.5	42,931	27.9	0	0.0		0.0		0.0
賃借料	2,280	0.3	15,154	9.8	28,647	22.4	6,999	6.1	7,463	6.2
製造経費	155,058	21.3	29,459	19.1	13,825	10.8	46,344	40.2	46,803	38.7
合計	726,630	100.0	154,148	100.0	128,084	100.0	115,396	100.0	121,030	100.0

資料：田切農産提供（2011年度）と稲作付20～30haは2011年度営農類型統計の組織経営体（作付41.9ha、水稲25.3ha）によります

注：１）水稲作付10a当たりの製造原価では、水稲再委託(46ha)の収穫物分配金を除いています。

２）製造経費には、地代・動力光熱費・修繕費・土地改良水利費・荷造運賃手数料・減価償却費が含まれています。

３）太線で囲った部分は、地区の農家への収益配分に当たる科目になります。

４）水稲部門の賃借料は米と転作作物の販売代金の割合から按分したものです。これは、賃借料は水稲と転作の農作業機械への支払いで構成されるためです。

寄せ・施肥・除草）等の対価であり、製造原価の33・2％を占めます。管理作業には17人が参加しており⑷、その支払いは管理担当面積10ａ当たりの基本管理費と成果に応じた追加払いで構成されます。これら労務費と作業委託費の白ネギの製造原価に占める割合は62・8％で、製造原価において地区の農家の農作業への支払いが大半を占めることが分かります。

　さらに、白ネギを除く10ａ当たりの製造原価の内訳は、収穫物分配金が27・9％を占めています。これは、先述した地区内で水稲の再委託を行った農家に対する支払いです。また、田切農産は水稲作において、水管理と畦畔除草作業を地区農家に委託しています。この作業委託費は水稲の製造原価の17・0％を占め、2011年度営農類型統計の稲作1位の組織経営体（稲作付20～30ha）に比べても高い割合となります⑸。ただ、この作業委託費は、地区の農家への仕事提供だけでなく、

中山間地域における大規模な水稲作を行う上で負担となる水管理・畦畔除草作業費という面もあります。

以上から、田切農産は、田切地区営農組合の農業生産の担い手として位置づけられ、地区内の農地集積を進めてきました。ただ、田切農産は、農地の集積が進み、地区内の農家が水田農業を辞めても、そのままリタイアせずに水管理や畦畔除草等、地区の農業に関与し続けることを望んでいます。そのため、田切農産は地区内の水田農業政策の手続きとその分配、さらに、野菜作等を通じた地区の農家の仕事づくりに取り組んでいます。これは、中山間という条件不利地域において、大規模経営体だけでは地区の水田農業の全てを引き受けるのは困難であり、地区内の農家や水田農業から退いた農家と連携した地区農業を行うことが必要と考えているためです。

注

（1）農地の貸借における農地の利用権設定については、ＪＡ上伊那が行っています。
（2）田切地区営農組合は、ソバ打ち・餅つき等の地域ぐるみのイベントや都市農村交流の活動も行っています。
（3）田切農産では、この水稲再委託分の支払い科目を「水稲ナラシ」としています。
（4）17人の内、最も管理面積が大きいのが30・6ａであり、最小が10・5ａです。
（5）田切農産は農産物販売で白ネギが1位ですが、白ネギは地区農家が大半の作業を行い、田切農産の本体は水稲作を中心にした水田農業が中心です。そのため、比較対象として稲作1位の組織経営体を選択しました。

③飯島町の地区内担い手の動向—田切地区を事例に—

田切地区には、担い手法人である田切農産以外にも農業に力を入れる法人経営1件と個別農家2戸が存在します（**表10**）。ここでは、これらの経営体と田切農産がいかなる関係にあるかを調査結果より明らかにしていきます。

調査は２０１３年12月に飯島町役場にて実施しました。

まずは法人経営から見ていきましょう。月誉平栗の里（以下、「栗の里」という）は２０１１年に設立された一般社団法人で、母体は地区内の農地利用調整のマネジメント部分を担う地区営農組合です。構成員は月誉平地区の地権者45名となっています。月誉平地区では戦前開墾した畑地の荒廃が課題となっており、これの保全と地域での雇用創出を目的に、農地を栗畑へ再生する計画を立てた経緯があります。基金は４５０万円で、うち65％を㈱信州里の菓工房が出資し、残りが地権者の方々からの出資です。一般社団法人のため、５１０ａの経営耕地はすべて借地形態を取っています。主要な作目は表に示しましたとおり栗がメインです。作目販売以外の事業としましては、畦畔管理作業を田切農産から３３０ａ受託しており、これ以外に栗園の一括作業受託、栗剪定作業受託を行っています。作業は主に役員（８名、全員60歳以上）が行い、また地権者の中から女性のパート従業員を６～７人雇用、賃金は一律で時給８００円です。またソバ・大豆の収穫作業は田切農産に委託しています。２０１２年度の経営収支を見ますと、栗の利益が出るのは8年目からのため、２０１２年時点は収入４５６万円、支出４８９万円と33万円の赤字となっています。また役員の雇用条件に目を向けますと、計算は省略しますが一人あたりの受取額は40万円程度となり、役員報酬も８名併せて年間20万円以内に抑えられていることから、現在はボランティア的性格が強いといえます。とはいえ将来的には定年を迎えた高齢者を対象に通年雇用する仕組みも考えているとのことで、栗だけで５haまで拡大し、年間売上高１０００万円を目指しています。

次にＡ経営は世帯主76歳、妻73歳、息子47歳の家族経営で、農業従事日数はそれぞれ２００日、１５０日、

表10　田切地区内経営体の概要

経営体名	月誉平栗の里	A経営	B経営
経営形態	一般社団法人	個別経営	個別経営
経営耕地面積	510a	680a	2,400a
うち借地	510a	600a	1,800a
構成員数	45名（うち役員８名）	３名（世帯主76歳、妻73歳、後継者47歳）	２名（世帯主62歳、男性常勤雇用者１名）
所有機械	防除用自走式スピードスプレヤー	トラクター50sp、田植え機８条、コンバイン４条、乾燥機2台、籾摺り機	トラクター（53～85sp）×５台、田植え機８条、稲コンバイン６条、ソバコンバイン２台、稲・そば乾燥機、選別機など
主な作目	栗480a ソバ180a とうがらし30a 大豆20a	水稲450a 大豆・ネギ・そば（委託）計110a	ソバ900a 水稲1,500a （ソバ全作業受託1,500a）

資料：2013年12月に飯島町役場にて実施した各経営体への聞き取り調査結果より作成。

１００日（土日のみ）となっています。後継者は２００９年より元々の勤め先（製造業）を退職し、田切農産の正社員へと転職、現在野菜部長を務めています。経営耕地面積は現在６８０ａですが、大豆・ねぎは田切農産に殆ど任せ、またソバも後述のＢ経営に全作業委託しているため、実際は４５０ａの稲作のみに取り組んでいることになります。稲作以外には、収穫作業・乾燥調製作業を60ａ分、田切農産より隣接する圃場の草刈り・水管理50ａ分を受託しています。収支は収入が２０１３年度で米販売５００万円、作業受託18万円、作業委託地からの還元14万円、米の直接支払68万円で計６００万円となっています。水稲の所得率は３割で、これ以外の項目に経費が掛かっていないとすれば、農業所得は２５０万円となり、これと年金があれば十分生活していけるものと考えられます。今後は現状維持で、圃場が隣接していれば、あと50ａ程度なら管理作業を受託できるとしています。後継者は田切農産の次期主要メンバーとして期待されており、将来的に自身の体が続かなくなれば、機械・農地ともども田切農産に引き受けてもらう予定としています。

最後に、個別農家のB経営を紹介しましょう。世帯員は世帯主1名（62歳）で、年間農業従事日数は300日に達します。元々は兼業農家でしたが、2007年家族の看病のため56歳で早期退職、ちょうどそのころ転作政策が強化されたため、農業に集中するようになりました。また男子1名を常勤雇用しています（隣町出身の元調理師（非農家）で友人）。経営耕地面積は24haで、またソバの全作業受託を15ha実施しています。圃場は田切地区から七久保地区まで広範に存在するため、その分機械も豊富にそろえています（**表10参照**）。また乾燥調製は稲・ソバとも自身で行っています。農業収支を見ますと、販売で2050万円、交付金で1650万円となり、その合計は3700万円に達します。ただし大半が経営費や農地取得で消えるようです。地域農業政策につきましては、地区をまたがった土地利用調整を希望しています。

以上、ごく簡単に3つの経営体をご紹介いたしましたが、これらの経営体と田切農産との関係を見ると、栗の里・A経営は農産から畦畔管理作業などを担い、対して田切農産は彼らの機械作業を受託するという関係にありました。言い換えれば、これらの経営は田切農産のみではこなすことが困難な管理作業を担い、逆に不足する生産手段を田切農産が担うという補完関係にあるといえます。とはいえ、いずれも高い水準は求めていないものの、両経営の中核である高齢者が生活していけるだけの所得水準を設ける努力も同時になされていました。他方でB経営は田切農産から独立した大規模経営体であるといえます。ただし、農地利用面で田切農産と競合関係にあるというわけでもなく、地区をまたがり、広域的に担い手のいない農地を集めている状況です。田切地区の中心は田切農産であることは言うまでもありませんが、これら多様な経営体によって地域農業は成り立っていると言えるでしょう。

④飯島町田切地区における農家アンケート調査結果

本アンケート調査は、地区担い手法人や専業規模拡大意向農家への出し手である、田切地区営農組合員を対象に、２０１３（平成25）年10月に営農実態並びに今後の土地利用意向などを把握するために実施したものです。配布数は２６８票で、２週間程度の留め置き方式で、回収数は２０８票で回収率77・６％となっています。以下は、主な分析結果です。

1農家の属性

回答者の就業先について、「恒常的勤務」形態としたのが最も多く、有効回答者１９８名のうち70名（35・４％）が回答してきております。次いで、年金受給者などと考えられる「就業していない」が59名（29・８％）となって、営農していたとしても地区内農家のほとんどが兼業化しているものと考えられます。

農業後継者の有無については、有効回答１７３名のうち１２４名の71・７％が「誰も農業を継がないと思う」と回答してきています。

2経営実態

回答してきた農家の地目別所有農地面積の平均は、それぞれ水田55・２ａ、畑13・６ａ、樹園地６・１ａなどとなっています。

複数回答になりますが、所有している農業機械で最も多かったのが「トラクター」で、有効回答数１３２名のうち１２３名の93・２％と、ほとんどの回答農家で所有されていました。次いで「田植機」68名（51・５％）、「コンバイン」36名（27・３％）の順となっています。

また、水利費の支払いについて耕作者つまり借り手ではなく、「農地所有者が支払う」が、１６７名回答中１４９名の89・２％となって、借り手市場の様相を呈しています。このことを更に裏付ける回答結果として、貸し付けている農地の借り手側が行う簡易なほ場整備について、「既に行われている」１３７名中33名の24・１％、更には「現在行われていないが認めても良い」73名の53・３％と、両者併せた％割合が77・４％にも上っており、借り手側優位の回答結果となっています。

③今後の意向

「規模縮小する」が最も多く、有効回答数１４３名のうち86名の60・１％と６割強の回答割合となっています。これに「離農する」28名の19・６％を加えた79・７％もの回答者が、将来の農地貸付・売却予備層となっています。

一方、「規模拡大を行う」が17名の11・９％と少数派ですが、回答がありました。

最後に、これも複数回答ですが農地の貸付先についての条件を尋ねています。最も多かったのが「良好なほ場管理を行う」で、有効回答数１５１名のうち80名の53・０％の回答割合でした。次いで、「地域の担い手法人であること」で78名（51・７％）の回答を得ました。

④小括

トラクターを始め農業機械の保有率は地域全体で高いものの、兼業の深化、更には農業後継者の不在の多さが目に付き、将来的には大量の貸付けや売却希望農地が出てくることが予想される結果となっています。

このような状況下、半数以上の者が「水利費を農地所有者が負担」、「借り手側が簡易にほ場整備しても良い」、更には貸し手先として「地区担い手法人が望ましい」と回答してきており、農地流動化の条件は整ってきているといってよいでしょう。

以上から、改めて地区担い手法人を始めしっかりとした、持続的経営が可能な受け皿づくりが喫緊の課題となっています。

（3）農業構造変動の到達点と課題―事例のまとめ―

①はじめに

本調査研究では農業構造変動の現時点での1つの到達点として考えられる愛知県豊田市高岡地区と長野県飯島町の2つの地域の状況が報告されています。

前者は、農協が経営受委託事業、農地保有合理化事業、農地利用集積円滑化事業と長年にわたって農地賃貸借の仲介役としての役割を担い、この農協の支援の下で成長した数百ha規模の2つの大規模法人経営に高岡地区の水田面積の過半が集積される農業構造が実現している地域です。政策が目指す農業構造再編の目標となる事例です。条件に恵まれている平地農業地域では、今後、こうした地域がいくつもあらわれてくることが予想されます。高岡地区の姿は将来の農業構造再編後のそれを示す地域として位置づけることができるのです。

後者は、旧村単位に農用地利用改善団体として設置された地区営農組合が、農家から白紙委任で利用権設定を受け、その農地を地元の担い手である地区担い手法人を中心に集積し、農業構造再編を進めている事例です。これまで進められてきた地域の合意を基礎とした構造政策の典型であり、地域社会とオーバーラップする組織が地元の信頼を背景に、農家から農地利用の白紙委任を受け、それを担い手に配分していくという仕組みは1つの理想型として位置づけることができるでしょう。ただし、中山間地域での農業構造再編には自ずと限界があり、担い手法人は農村経営とも呼べる経営を実践している点に特徴があります。

以下では本調査研究のポイントを簡単に記し、本ブックレットのまとめとすることにしたいと思います。

②農業構造改革の最先進地―愛知県豊田市高岡地区―

1農協の下で成長を遂げてきた大規模法人経営

農業構造変動が大きく進んでいる高岡地区では2つの大規模法人経営の動向に地域農業の行く末が委ねられています。こうした農業構造が実現するまでには40年以上にわたる長い取組がありました。当初は農協直営の農業機械のオペレーター組織（農作業受託組織）として出発したのですが、枝下用水を境とした2つのエリアをそれぞれ担う農事組合法人となり、1社は株式会社に転換し、現在に至っています。管内1200haの水田のうち

700ha近くが2つの法人に集積されています。地区内にある農協の2つのカントリーエレベーターと法人の事務所は同じ場所にあり、乾燥・調製はこの施設を利用、販売先も農協となっており、現在も農協と手を携えた経営を展開しているのです。

ある意味で2つの法人は、圃場での作業面積の拡大に専念すればよい―農協を通じて増えていく転作作業面積、稲作作業面積、利用権設定面積をこなすことに専念すればよい―という状況の下で、労働力と機械を最大限効率的に活用しながら規模拡大に努めてきたということです。その過程で大きな障害として立ちはだかったのが春作業の制約でした。100ha規模で突き当たった移植栽培（育苗、耕起・代かき、田植という一連の作業）の限界です。これを克服するために導入されたのが乾田直播でした（現在では水稲作付面積の3分の1以上が乾田直播となっています）。乾田直播の導入によってその後も経営規模は順調に拡大し、2013年現在、中甲は395ha、若竹は280haの水田を担っています（いずれも台帳面積）。

2 作業体制の再編、組織の新陳代謝、畦畔草刈の制約

この大規模法人は青天井的に規模拡大を進めてきましたが、作業体制については大きな変化がみられます。中甲は数百haの水田を1つの単位として作業を行う体制を見直し、110~140haを1つの単位として3つのブロックに分け、それぞれに作業グループを設置して独立性を持たせるという組織再編を行っている点が注目されます。農家の離農は今後も進み、農協を通じて供給される面積は増大し、経営面積は拡大の一途を辿ることは間違いありませんが、中甲のように実際の作業体制は3~4集落、100~150haが1つの単位となっていくの

だとすれば、将来の水田農業は大規模法人経営が担う構造になったとしても、そうした作業班を束ねたものにすぎないことになるからです。もちろん、数百haの水田経営をどのような体制で管理運営するのが最適であるかに関して明確な解答はまだありません。中甲の取組は、この未知の領域に突入した先進事例のトライアルであり、構造再編実現後の水田農業のあり方を考えるための貴重な経験となるはずです。

法人経営の継承という点では、地元の非農家出身者を従業員として雇い入れ、経験を積んだ後に組合員として迎え入れる体制を敷いている若竹が注目されます。このリクルート制度と組合員の65歳定年制の実施によって、設立当時の組合員とは全く血縁関係のないメンバーを増やしながら、組織の新陳代謝がこれまで円滑に行われてきました。経営面積の拡大に応じて人員を増やす必要に迫られるなかで整備されてきた体制ですが、今後、規模拡大が進む他の組織にとっても参考になる仕組みだと考えられます。

数百ヘクタール規模の水田の効率的な作業を実施するための組織再編、農地の受け手としての存続が社会的に求められる経営の後継者育成といった課題はクリアされており、2つの法人経営が地域農業を全面的に担っていくことに問題はないようにみえます。しかしながら、水田の畦畔の草刈だけは、法人の組合員や正規の従業員だけでは対応が難しく、縁辺労働力としての臨時雇いに依存しているというのが実情です。この作業のために中甲は21人の臨時雇いを導入しています。若竹も14人の臨時雇いを導入しており、このうち3人が畦畔の草刈を、4人が水田の水管理に従事しています。地域社会の全面的なバックアップとまでは言いませんが、こうした周辺作業に従事してくれる労働力の存在が数百ヘクタール規模の水田経営にとっては必要不可欠となっている点は注意しておく必要があるでしょう。また、この制約要因は、1枚1枚の圃場が狭小で畦畔の法面が広い中山間地域ではより厳しいものとなってあらわれてくる問題でもあります。

③大幅な省力化とコストダウン、交付金・助成金なしに水田は守れない

都府県の構造再編の最先進地における大規模経営のコストはどうでしょうか。米、麦、大豆など作物別の生産費は費用の按分が難しいため残念ながらそれは算出されていません。全てをトータルした水田10ａ当たりの費用となっていますが、相当のコストダウンを実現していることが**表5**（前掲31頁）から分かります。

種苗費、肥料費、農薬費などの材料費は1万3183円で、水田作付面積50ha以上の経営体の2万1515円の61％で相当なコストダウンに成功しています。労務費は4万1918円とやや高めですが、これは十分な労賃が支払われている結果として理解すべきでしょう。実際、農業専従者1人あたり水田作付面積23・7haをこれに乗じると1千万円近い金額となっています。作業委託費が1万2397円と他と比べて突出して高いのは乾燥調製作業を農協のカントリーエレベーターに全面的に委託しているためです。減価償却費は2804円と組織経営体平均1万499円のおよそ4分の1、水田作付面積50ha以上の経営体の8178円のおよそ3分の1と圧倒的に低くなっています。

農業専従者1人あたり面積は20haを超え、水田作付面積10ａあたり労働時間は10時間を切るなど非常に高い作業効率を実現している結果、高い労働報酬にもかかわらず10ａあたり労務費は他と遜色ない水準に抑えられ、減価償却費は大きく切り下げられているのです。材料費等も低く抑えられ、水田作付面積10ａあたり費用は

9万5340円と10万円を切っています。ただし、経営面積280haのうち水稲作付面積は127haと半分に満たないため農産物の販売収入は少なく、10aあたり5万7414円にとどまっています。10aあたり5万1818円の営業外収入があってはじめて収支は黒字となるというのが現状です。

今後も離農者の農地は農協を通じて2つの法人経営への集積が進むことが予想されます。組合員を対象としたアンケート調査によれば現在の自作農家が農地を貸付ける場合は「農協を通じて」という意向を有している割合が多数を占めていました。ただし、小作料は10aあたり1万〜1万2000円が最も多く、地代負担は簡単には下がりそうにありません。

これだけの大規模経営であったとしても交付金・助成金なしには経営は成り立ちません。たとえ小作料水準が大幅に下がったとしても、そうした状況に今後とも変化はみられないというのが日本の水田農業の実情なのです。

③中山間地域の農村経営を目指す法人経営―長野県飯島町田切地区―

1 地区営農組合と密接不可分の関係にある地区担い手法人

飯島町では旧村単位に設置された地区営農組合が白紙委任で利用権設定を受け、その農地を地元の担い手である地区担い手法人を中心に配分する仕組みが構築されています。田切地区には田切農産という担い手法人が存在していますが、農家から無理やり農地を借り集めるのではなく、余力のある農家には水田作業の再委託が行われている点が特徴的です。地域の合意に基づいた「集団的自主的自己選別」(1)が、自作継続農家や規模拡大志向農家を排除することなく、むしろ、彼らを取り込むかたちで時間をかけて緩やかに進めていると考えられます。「中士《なかつち》」を一旦、田切地区営農組合に集積し、その「上士《うわつち》」を能力や意欲に応じて柔軟に、地区担い手法人である田切農産をはじめとする担い手農家に配分しているということでしょう(2)。実際、田切地区では水田200haのうち田切農産に集積されている利用権設定面積は111haですが、このうち46haの水稲作については担い手農家への再委託が行われていました。

地区営農組合と地区担い手法人との関係も注目されます。田切地区営農組合は中山間地域等直接支払交付金の受け皿となっており、この交付金で購入した水田作業用の機械一式(トラクター、田植機、コンバイン)を田切農産に貸し出しています。田切農産は機械を所有せずに水田経営を営んでおり、豊田市高岡地区の大規模法人のように少数の農業専従者が可能な限り全てを担う方向を目指してはいないのです。「2階建方式」の集落営農(3)は、1階部分の地権者集団は農地の提供者に純化し、2階部分が経営体として自立、発展していく経路を辿ることを政策は想定しているようですが(これが政策の意図する集落営農の法人化路線です)、そうではなく、田切農産は地元社会と密接不可分の関係を維持する方向を目指しているのです。

②利益を追求する農業経営ではなく地域の存続を目指す農村経営

田切農産の水田部門は水稲23・9a、大豆19・5ha、そば10・8ha、稲WCS1・7ha、小麦1・0haと転作面積が水稲面積を上回っており、通常の農家が嫌う転作の受け手となっていました。その一方で、稲作の部分作業を受託しており(稲の収穫作業は42haとかなりの面積にのぼっています)、個々の農家の稲作経営を廃止しないように支援する役割を果たしています。また、畦畔の草刈作業を10ａあたり9000円、水管理を10ａあたり5000円で地元の農家に委託しており、農家が水田農業から可能な限り足を洗わないような運営をしています。この委託費は水稲の10ａあたり生産費の17％と2割近くを占めるのですが、農業経営を廃止し、水田を貸付けたとしても、畦畔の草刈や水管理をできるだけ続けてもらうための措置であり、やむを得ない支出として受け止められています。こうした状況は他の中山間地域でも共通する面がかなりあるでしょう。

田切農産は4ha以上の白ネギを栽培していますが、これも利益を上げることだけを目的としているのではなく、働いて所得を獲得する場を地元に創出するためのものです。実際、白ネギの生産費の62・8％、実に6割以上が作業労賃にあたり、それが地元に配分されています。直売所設置の目的も同様です。

このように田切農産は地元に雇用を創出し、獲得した収入もできるだけ地元に還元するような経営を行っているのです。水田農業に関しても、効率的な作業を行う体制の整備に努めながらも、自分たちだけでは地区の水田は担い切れないという認識から、可能な限り多くの農家が畦畔の草刈や水管理を続けられるような工夫を講じていました。田切農産は法人化した農業経営体ではありますが、その経営は「農村経営」と呼ぶのがふさわしいのではないでしょうか。中山間地域の担い手は、例えば島根県の地域貢献型集落営農がその典型ですが、農村経営的な性格を帯びた経営となっていくのではないかと考えられます。

田切地区の農家アンケート調査では、農業後継者が不在の農家、規模縮小あるいは離農を予定している農家がともに8割近くを占めているという結果となっていますが、田切農産としては農地を引き受けて規模拡大を図るのではなく、より一層農村経営という方向を追求することになるでしょう。また、規模拡大を志向している農家はたとえ小規模であっても地域にとっては貴重な存在であり、調査結果が示すように、彼らとの連携・補完関係の強化が図られていくのではないでしょうか。

注

（1）集団的自主的自己選別については、今村奈良臣『現代農地政策論』東京大学出版会（1983）の第1章を参照されたい。高岡地区の事例は、集落という限られた農地面積の配分は難しいが、面積を大きな範囲にすることで柔軟な配分調整が可能となることを示していると考えられる。また、田切地区の事例は、農民層分解論の場の問題、構造政策推進の場あるいは範囲をどのように設定するかという問題―これは担い手の賦存状況と農地面積とのバランスなど状況依存的性格を有しており、抽象的に整理するのは困難な問題だと考える―を提起している。

（2）今村奈良臣氏は、現場の農家の意識に基づいて農地を「上土」「中土」「下土」という重層構造として把握しているが、ここではその表現を借用した。こうした農家の農地に対する意識の把握は、30年以上前の石川県の実態調査に遡ることができると筆者は推測している。調査対象の1つであるY集落では「耕作者カード」が作成されており、これが「口頭契約による貸し借りを生産組合＝集落が保証するという機能」を果たすと同時に、農地の利用調整のために活用できることが報告されている。「中土」の上に文字通り「上土」が乗っかっているのである。また、人・農地プランはこの耕作者カードを束ねたもののようにみえる。詳細は、前掲今村『現代農地政策論』の第8章を参照されたい。

（3）「2階建集落営農」の正確な実態、それが有する意味については、楠本雅弘『集落営農』農山漁村文化協会（2006）を参照されたい。

【著者略歴】

鈴木 宣弘 [すずぎ　のぶひろ]
東京大学大学院農学生命科学研究科教授。1958 年、三重県生まれ。

姜 薈 [じゃん　ふぅい]
JC 総研客員研究員。1980 年、中国山東省生まれ。

大仲 克俊 [おおなか　かつとし]
一般社団法人 JC 総研基礎研究部副主任研究員。1981 年、愛知県生まれ。

竹島 久美子 [たけしま　くみこ]
東京大学大学院農学生命科学研究科博士課程。1986 年、埼玉県生まれ。

星 勉 [ほし　つとむ]
一般社団法人 JC 総研主席研究員。1954 年、福島県生まれ。

曲木 若葉 [まがき　わかば]
東京農工大学大学院。1988 年、東京都生まれ。

安藤 光義 [あんどう　みつよし]
東京大学大学院農学生命科学研究科准教授。1966 年、神奈川県生まれ。

JC 総研ブックレット No. 8

我が国の水田農業を考える（下巻）

構造展望と大規模経営体の実証分析

2015 年 1 月 15 日　第 1 版第 1 刷発行

著　者 ◆ 鈴木宣弘・姜薈・大仲克俊・竹島久美子・星勉・曲木若葉・安藤光義
監修者 ◆ 星 勉
発行人 ◆ 鶴見 治彦
発行所 ◆ 筑波書房
東京都新宿区神楽坂 2-19 銀鈴会館 〒162-0825
☎ 03-3267-8599
郵便振替 00150-3-39715
http://www.tsukuba-shobo.co.jp

定価は表紙に表示してあります。
印刷・製本 = 平河工業社
ISBN978-4-8119-0448-1　C0036

「JC総研ブックレット」刊行のことば

筑波書房は、人類が遺した文化を、出版という活動を通して後世に伝え、人類がそれを享受することを願って活動しております。1979年4月の創立以来、このような信条のもとに食料、環境、生活など農業にかかわる書籍の出版に心がけて参りました。

20世紀は、戦争や恐慌など不幸な事態が繰り返されましたが、60億人を超える世界の人々のうち8億人以上が、飢餓の状況におかれていることも人類の課題となっています。筑波書房はこうした課題に正面から立ち向います。

グローバル化する現代社会は、強者と弱者の格差がいっそう拡大し、不平等をさらに広めています。食料、農業、そして地域の問題も容易に解決できないことが山積みです。そうした意味から弊社は、従来の農業書を中心としながらも、さらに生活文化の発展に欠かせない諸問題をブックレットというかたちで、わかりやすく、読者が手にとりやすい価格で刊行することと致しました。

この「JC総研ブックレットシリーズ」もその一環として、位置づけるものです。

課題解決をめざし、本シリーズが永きにわたり続くよう、読者、筆者、関係者のご理解とご支援を心からお願い申し上げます。

2014年2月

筑波書房

JC総研［JC そうけん］

JC（Japan-Cooperative の略）総研は、JA グループを中心に 4 つの研究機関が統合したシンクタンク（2013 年 4 月「社団法人 JC 総研」から「一般社団法人 JC 総研」へ移行）。JA 団体の他、漁協・森林組合・生協など協同組合が主要な構成員。

（URL：http://www.jc-so-ken.or.jp）